3000年が教える
勝者の絶対ルール

戦略は歴史から学べ

ビジネス戦略コンサルタント
鈴木博毅
Hiroki Suzuki

ダイヤモンド社

はじめに

歴史が教える、いつの世も変わらない「勝者の法則」

ビジネスにおいても、人生においても、成功できる人はどのように考え、行動しているのでしょうか。難しい問題や壁にぶつかったとき、歴史に名を刻む英雄たちは、どのように判断し、乗り越えたのでしょうか。

歴史には、数え切れない人たちの決断の成否が克明に描かれています。世界史は勝者の歴史ですが、それは命がけで戦い、勝利をつかんだ者たちの駆け引きの歴史、つまり戦略の歴史でもあるのです。

私たちは変化し続ける現代を生き抜き、他の人より多くの成功を手にすることを望みます。歴史から戦略を学ぶことは、過去に成功を成し遂げた人たちの「勝利の法則」を知ることに他なりません。

本書は、古今東西、三〇〇〇年におよぶ歴史の中から、「勝者の戦略」を三二個取り出し、今日のビジネスシーンでも活用できるように一冊にまとめています。

その範囲は、紀元前九世紀の古代ギリシャの戦いから一九九〇年の湾岸戦争まで、地域もヨーロッパ、アジア、アメリカ、中東にわたり、日本も含みます。

紹介する戦略家は、テミストクレスからハンニバル、カエサル、張良、諸葛孔明、チンギス・ハン、織田信長、徳川家康、リンカーン、ナポレオン、ネルソン、モルトケ、大村益次郎、秋山真之《さねゆき》、アイゼンハワー、パウエルなど、歴史が動いたその瞬間に采配を振るった人物たちです。

彼らの戦略は、今日のビジネスにおいても十分通用するものです。本書では、歴史上の戦略と、マイクロソフトやグーグル、アマゾン、フェイスブック、トヨタ、ユニクロ、ソフトバンク、セブン‐イレブンなどの戦略のどこが共通しているかを考えながら、戦争でもビジネスでも、「戦いに勝つ」ために有効な不変の法則を抽出していきます。

ご存じのように、「戦略」とは本来は軍事用語です。現代では人生訓として人気のある『孫子』も、元は古代の軍事書でした。

「どう戦えば勝てるか？」——古代から戦略は、この核心的な問いに答えてきました。これは現代でも同じように問い続けられている質問です。

ビジネスで人間同士が競争し、組織が勝利を目指す限りその本質は変わりません。歴史の勝者が刻んだ戦略には、いつの世も変わらない勝つための法則が隠されているのです。

三〇〇〇年を一気に読むことで、真に有効な戦略が浮かび上がる

本書は、語り方に工夫を施しています。

冒頭から読み進むと少しずつ歴史がつながり、ざっくりと三〇〇〇年の世界史の流れがわかるようになっています。戦いの勝者は、次に登場する覇者にどのように敗れ去ったのか。隆盛を誇った巨大帝国はなぜ滅びることになったのか。戦いの歴史を入り口にして、世界史の流れがざっくりとわかるような構成にしています。

なぜなら、世界史の流れを連鎖として読み解くことで、真に有効な戦略が浮かび上がってくるからです。

最強と思われた戦略も万能ではありません。ライバルとの関係や実行する組織環境など、置かれた状況によっても戦略の威力は変わってきます。ある時代に絞れば、優れた戦略や戦術は固定されていますが、三〇〇〇年間を大局的に眺めると、歴史の中で生き残る

ための絶対ルールが見えてくるのです。

アレクサンダー大王、カエサル、ナポレオンも歴史から戦略を学んだ

歴史から戦略を学ぼうとしたのは、私たちだけではありません。

東方遠征で世界帝国をつくり上げたアレクサンダー大王は、歴史叙事詩『イリアス』を戦場でも枕元においていたほどです。カルタゴの名将ハンニバルはアレクサンダー大王の戦闘を詳細に研究して、巨大なローマ帝国を震撼させる勝利を収めました。

古代ローマが世界帝国となる基礎を築いたユリウス・カエサルもまた過去の戦史から学び、どんな敵にも勝つほどの突出した戦果をあげました。

フランス革命の申し子といわれ、一人の青年将校の身分からフランス皇帝となったナポレオン・ボナパルトも、歴史で活躍した名将たちから戦略を学ぶことでヨーロッパに大転換をもたらす勝利を重ねました。

「戦術は幾何学のように、あるいは工学のさまざまな進歩や砲術のように全集の中で学ぶことができるが、戦争の大原則に関する知識は、軍事史や多くの偉大な名将たちの戦いを

勉強することや実際の経験を通してのみ、得ることができる」（ウィリアム・ダガン『ナポレオンの直観』よりナポレオンの言葉）

戦略とは勝利を収めた人、成功を勝ちとった人たちの思考の集大成です。

そして、それらは時の流れの中で多くの人に研究され、実行され、さらに磨かれて結晶化していきます。歴史の中で淘汰されながら生き残った鉄則を学ぶことは、読者のみなさんの戦いにも必ず役に立つはずです。

歴史とは、生死をかけて編み上げられた勝利の法則集である

歴史から学ぶ戦略は、時代を超えた強烈な普遍性を持っています。ミもフタもないことをいえば、戦史は人間の血と涙、悲喜で描かれています。きれいごとではなく、あらゆる時代の人間や組織が生死をかけて実証した法則集です。

そこには、策略、奸計、組織運営、技術革新、リーダーシップ、人心掌握術、競争戦略、ゲリラ戦など、人と組織が勝つためのあらゆる知略が総動員されています。多くの人間が自分の命をかけて可否を確かめた法則集が、歴史から学ぶ戦略なのです。

また歴史は、高度に発達した文明が必ずしも生き残るわけではないことも教えています。これはビジネスでも同様です。

栄華を誇る大国が、辺境の小国に敗れる様子は、大企業がベンチャー企業に負ける姿に重なります。単純な物量、国力、技術、人種の差異とは違うところで歴史は勝者と敗者を決めています。だからこそ、歴史に逆転劇は珍しくありません。今は弱くとも、視点や認識を変えて戦略を生み出せれば、大逆転も十分可能なのです。

「あなたがた白人は、たくさんのものを発達させてニューギニアに持ち込んだが、私たちニューギニア人には自分たちのものといえるものがほとんどない。それはなぜだろうか？」

これは進化生物学などの世界的な権威、ジャレド・ダイアモンドの『銃・病原菌・鉄』からの抜粋です。ニューギニアで出会った人物の質問から始まる壮大な研究書の中で、同氏は人種的な違いが、技術や知性の差となる証拠はないと述べています。

では勝者と敗者を分けるのは何か——。この点について、本書は地政学や生物学などではなく、戦略思考の視点から考えていくことにします。

あなたは指揮官として、三つの戦場で戦えるか

読者のみなさんには、ぜひ三つの戦いの勝者・敗者両方の指揮官のつもりで本書を読んでいただくことをお勧めします。史実の敗者に、どんな発想と戦略があれば逆転勝利できたのか。この点を考えることは、私たちが勝者の戦略をより深く理解することにもつながります。だからこそ三つの戦場にいる一人となり、打開策を練っていただきたいのです。

なお、本書について一つ留意いただきたい点があります。それはあくまで戦略の視点から世界史を読み解いていることです。そのため民族、人種、宗教、経済格差による理不尽な侵略であっても、あえてその倫理や是非を問うことはしていません。

ネイティブアメリカンやアステカ人は、一方的な論理で非道な侵略を受けました。しかし本書では、そのような問題点ではなく、悲劇的な敗北にどんな戦略の失敗があったかを分析し、現代の私たちが未来に活かすべき教訓の抽出を最大の目標としています。

今日のグローバリズムも新しい侵略戦争といえます。しかし資本主義社会では、その是非を問うこと以上に、まずは競争に負けないことが大切です。競争から逃避する行動は常

に有効とはいえず、多くの歴史はそうした者の悲惨な末路を示しています。競争は私たちが参加すべきかどうかを選択できるものではなく、常に巻き込まれざるをえないものだからです。

そうであれば、激しい流れの中でも勝利の鍵を見つけて立ち向かう必要があります。歴史は歩みを止めずに、今この瞬間も前進しています。

勝者たちがどこに目をつけ、逆転の機会を探し、どのように栄光を手にしたのか。戦史を辿ると、現代の私たちのビジネスにも、人生にも通じる勝者の戦略の本質が見えてくるのです。

鈴木博毅

二〇一六年三月

目次

戦略は歴史から学べ

はじめに
・歴史が教える、いつの世も変わらない「勝者の法則」 3
・三〇〇〇年を一気に読むことで、真に有効な戦略が浮かび上がる 5
・アレクサンダー大王、カエサル、ナポレオンも歴史から戦略を学んだ 6
・歴史とは、生死をかけて編み上げられた勝利の法則集である 7
・あなたは指揮官として、三二の戦場で戦えるか 9

第1章 古代の戦いから「戦略思考」を学べ

1 強み活用戦略
テミストクレス……ペルシャ戦争
強みだけでは勝てない。強みを活かせる状況をつくる 24

2
選択と集中戦略
フィリッポス二世……カイロネイアの戦い
勝敗を決めるポイントに最も力を集中する
32

3
目標差別化戦略
ハンニバル……ポエニ戦争
勝者が予想できないところを突く
38

4
機会活用戦略
ユリウス・カエサル……ガリア戦争
戦闘で負けないことより機会に焦点を合わせる
46

第2章 中国の軍師から「逆転力」を学べ

5 弱者分断戦略
張儀……藍田の戦い
群雄割拠の中では、弱者同士を団結させない 56

6 自己認識変革戦略
張良……垓下の戦い
「弱さ」を認めることが逆に大きな武器となる 63

7 再定義戦略
諸葛孔明……赤壁の戦い
弱みは見方を変えれば一瞬で強みへと変わる 69

8 迂回戦略
司馬懿……晋の中国統一
強力なライバルを避けて有利な市場で戦う 75

第3章 巨大帝国から「実行力」を学べ

9 事前攻撃戦略
チンギス・ハン……ワールシュタットの戦い
戦う前に勝負を決める 84

10 市場差別化戦略
北条時宗……元寇
勝てる領域を選んで戦えば負けない 93

11 機会探索戦略
朱元璋……明王朝の中国統一
小さな組織が大きな挑戦を可能にする 100

第4章 戦国時代から「競争戦略」を学べ

12 ランチェスター戦略
源頼朝……源平合戦
ナンバーワンになるには、まず弱者を攻撃する 110

13 事業ドメイン移行戦略
織田信長……元亀争乱の戦い
組織の飛躍は計画的な変化から生まれる 117

14 全体最適化戦略
豊臣秀吉……小牧・長久手の戦い
組織は最も弱い部分が全体の成果を決める 125

15 学習優位戦略
徳川家康……関ヶ原の戦い
最速で学び反映できる者が最後は生き残る 132

第5章

植民地戦争から「危機のリーダーシップ」を学べ

16 環境定義戦略
リーダーは常に現実を直視し、外界の翻訳者になる
フェルナンド・コルテス……アステカ征服戦争
140

17 自己像革新戦略
不可逆な変化に直面したら、目標を変えないといけない
テクムシ……インディアン戦争
149

18 取捨実行戦略
エイブラハム・リンカーン……南北戦争
トップは、トップにしかできない決断を素早く行う
161

第6章

近代の戦争から「組織運営」を学べ

19
動的機会戦略
ナポレオン・ボナパルト……三帝会戦
より速く始めて動きながら機会を見つけた者が勝つ 170

20
全員経営戦略
ホレーショ・ネルソン……トラファルガー海戦
即興で判断できる組織は天才を凌駕する 176

21
規模速度両立戦略
ヘルムート・モルトケ……普仏戦争
大組織×スピードの両立がイノベーションを生む 183

第7章 西洋列強との戦いから「情報活用力」を学べ

22 情報活用戦略
林則徐……阿片戦争
情報の正しさと新しさが戦略の質を左右する 192

23 コア・コンピタンス戦略
大村益次郎……戊辰戦争
変革は「核となる強み」を見抜けるかどうかで決まる 199

24 模範蓄積戦略
秋山真之……日露戦争
ベストプラクティスを集めて必勝パターンを見抜く 206

第8章 世界大戦から「イノベーション」を学べ

25 棲み分け戦略
エーリッヒ・ファルケンファイン……第一次世界大戦・西部戦線
優位性のない棲み分けはいずれ消耗戦となる 216

26 広域浸透戦略
アレクセイ・ブルシロフ……第一次世界大戦・東部戦線
大は小を常に消耗戦へと引きずり込め 225

27 ニッチ戦略
エーリッヒ・フォン・マンシュタイン……第二次世界大戦・ドイツ電撃戦
強い敵には正面から戦わずに防衛の弱いところを攻める 233

28 目的概念化戦略
ウィリアム・ハルゼー……太平洋戦争
手段ではなく、目的を正しく追い続けた組織が勝つ 243

29 突破力増強戦略
組織には常に戦略的な撤退と再集結が必要である
ドワイト・アイゼンハワー……第二次世界大戦・ノルマンディー上陸作戦 253

第9章 現代の戦争から「学習力」を学べ

30 ゲリラ戦略
ニッチで戦うなら徹底的にゲリラ戦を効率化する
毛沢東……朝鮮戦争 266

31 学習増殖戦略
当事者意識の増殖が劇的な逆転を生む
ボー・グエン・ザップ……ベトナム戦争 274

32
内発的学習戦略
コリン・パウエル……湾岸戦争
どんな組織も変わり続けないと生き残れない　285

おわりに
・歴史が私たちに教える勝者の条件とは　297
・横断的な環境か、孤立した生態系か　301
・歴史上、強者が誇る文化・文明とは一体なんだったのか？　302

参考文献　308

第1章

古代の戦いから「戦略思考」を学べ

——勝者と敗者を分ける戦いの絶対ルール

1

テミストクレス【ペルシャ戦争】

強みだけでは勝てない。強みを活かせる状況をつくる

Strategy

強み活用戦略

一〇倍の大軍・ペルシャ帝国に、ギリシャはなぜ勝てたのか？

紀元前九世紀から繁栄を始めた古代ギリシャ都市。アテネやスパルタなど現代も知られる都市国家は、東方の巨大帝国アケメネス朝ペルシャの侵略に立ち向かう。一〇倍の規模の圧倒的なペルシャ帝国に、ギリシャ連合はどのように戦い、勝利をつかんだのか？

●民主主義国家アテネと軍事国家スパルタ

古代ギリシャでは、紀元前三〇世紀頃に初歩的な文明が始まります。

人類史で最初の民主主義国家として知られるアテネは、紀元前九世紀の貴族による寡頭政治から、段階的にすべての住民が参加する政治形態となります。

〝スパルタ教育〟という言葉を残した都市国家スパルタは、紀元前九世紀頃に成立。周辺

都市を隷属させて生産活動をさせ、軍事と政治に専念する特殊な国家を築き上げます。

戦時には一人のスパルタ人に七人の隷属民が従ったため、反乱を抑えるためにスパルタ人は常に強くあるべきとして、軍事的な訓練を日夜行う陸軍強国となっていきます。

スパルタ兵は、ギリシャ世界の危機だったペルシャ戦争では常に指揮官の地位で戦いました。スパルタの市民権を持つ戦士は盾にラケダイモン（スパルタ人の呼称）の頭文字「Λ」（ラムダ）が書かれており、戦場で彼らの存在はすぐにわかったのです。

一〇倍のペルシャ軍と戦う、ギリシャ世界最大の危機

アケメネス朝ペルシャは、ダレイオス一世の治世に大いに繁栄。エジプトから中東にかけてのオリエント全域へ支配を拡大し、中央集権の巨大君主国をつくり上げます。

紀元前四九四年、ペルシャが支配するイオニア地方に反乱が起こります。これをギリシャ都市が支援したことにペルシャは怒り、紀元前四九〇年、エーゲ海を渡りアテネに近いマラトンに上陸します。これがマラトンの戦いです。

兵力差は約二倍（ギリシャ連合約一万ＶＳペルシャ軍約二万）。重装備の歩兵を主力とするギリシャ連合は、ペルシャ軍の騎兵が移動した隙を狙い、突撃を開始します。弓の射

程距離に入った瞬間に駆け足で接近。ペルシャ兵が弓を十分射る前に白兵戦に持ち込みます。さらにギリシャ連合は両端の兵士がペルシャ軍を突破。ぐるりと迂回してペルシャ軍の背後から挟み撃ちを行い、ペルシャ軍の中央は混乱をきたして潰走しました。

ギリシャ連合は、ペルシャ軍の特徴だった騎兵と弓を使う戦法を封じ、白兵戦へと持ち込みました。重装備のアテネ陸軍は、白兵戦になれば圧倒的に有利となります。また、数の上では完全に負けていた相手に対して、背後からの挟み撃ちによって大軍を混乱させることに成功したのです。

マラトンの戦いから一〇年後、第二次ペルシャ戦争が勃発します。今度はギリシャ連合の少なくとも一〇倍（一説には三〇倍以上）のペルシャ軍が派遣されます。未曾有の危機にギリシャは団結、スパルタ王レオニダスも三〇〇人隊を率いて参戦します。

映画『スリー・ハンドレッド』でも有名なテルモピュライの戦いが行われたのは、狭い通路状の戦場で、ギリシャ連合が少数でも不利になりにくい地形でした。

陸戦は、ギリシャ連合の有利で始まりますが、二日目の夜、ペルシャ軍はスパルタ軍の後方に出る抜け道を地元ギリシャ人から聞き出し、闇夜に精鋭部隊を急行させます。

翌日、決死のレオニダスと兵士たちは奮戦。しかし、後方に回ったペルシャ軍が参戦す

ギリシャ諸都市とアケメネス朝ペルシャの主な戦い

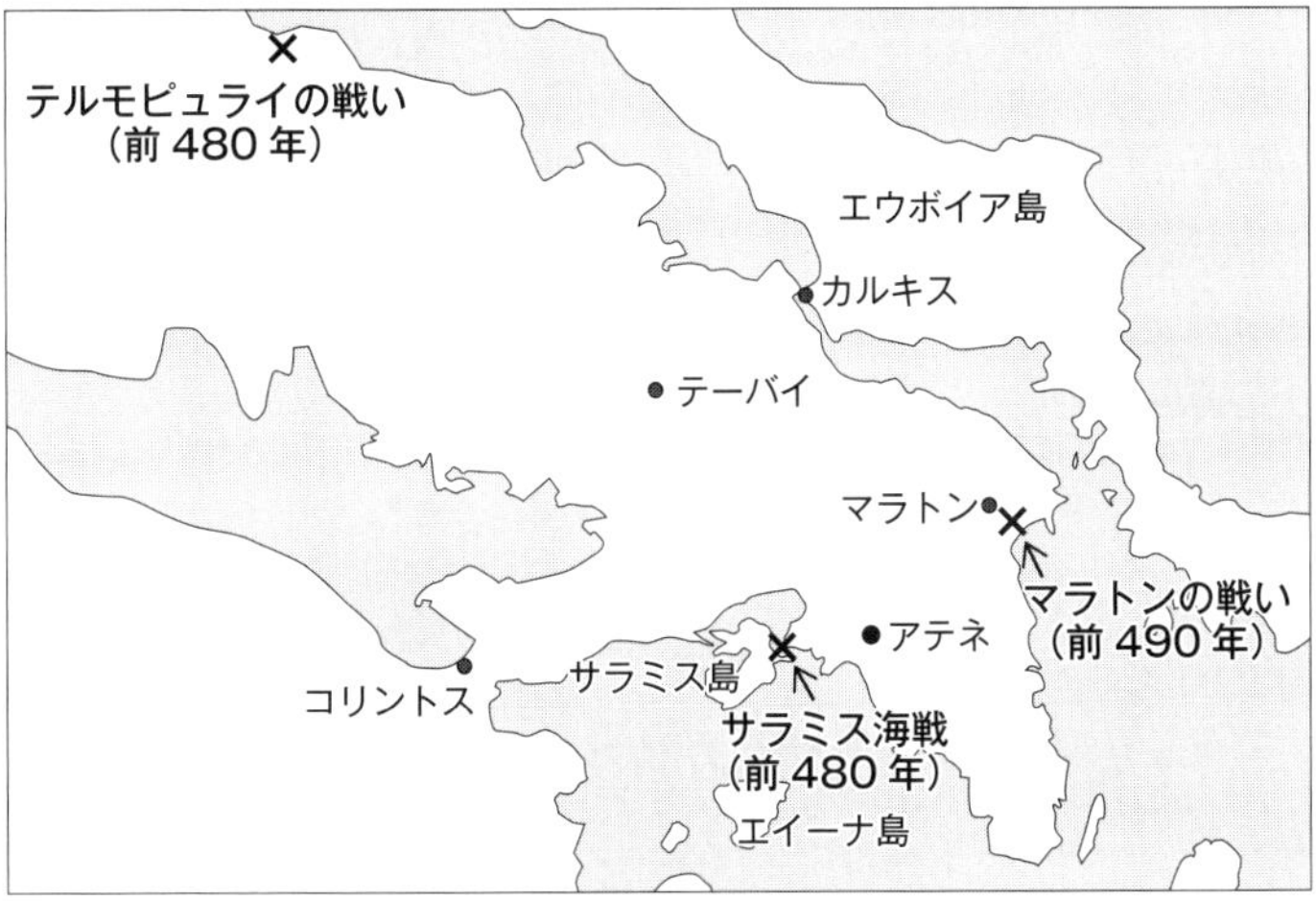

ると不利になり、ギリシャ連合は丘に上がり最後まで勇戦しながらも、ついに全滅します。

敗戦後、圧倒的なペルシャ陸軍の脅威に、ギリシャ連合は陸戦の放棄を決断します。

指揮官のテミストクレスはマラトンの戦いで陸戦の限界に気づいたアテネ軍人で、すでに海軍力を強化していた人物でした。

彼はペルシャにギリシャ海軍の居場所を密告して誘い込み、ギリシャ連合の海軍が、敵を迎え撃てるように仕向けたのです。これがサラミスの海戦です。

大規模な兵員を輸送するためにつくられたペルシャ艦隊に比べて、ギリシャ艦隊の船団は突撃型の強固な船体として設計されていました。その強みを最大限に活かせるように、サラミス海特有の追い風を利用して、ギリシャ艦隊はペルシャの大船団へ突入して破壊します。こうしてギリシャ連合は、再び劇的な勝利を実現したのです。

「強み」は活かさなければ意味がない

よく「強みを活かす」という言葉がビジネスでも使われます。この言葉で注意したいのは、「強み」だけでは勝利できない点です。ギリシャ連合とペルシャ軍には、それぞれ次のような強みがありました。

ペルシャ軍の強み

- **圧倒的な大軍**
- **弓と騎兵を中心にした戦術**

ギリシャ連合の強み

- **アテネ陸軍は重装歩兵**
- **スパルタ軍は精鋭戦士団による白兵戦**
- **突撃力を極度に高めた設計のアテネ海軍**

これらの強みは、勝敗を左右する大きな武器となります。特に軍隊における数的有利は直接戦力の増大につながります。しかし実際には、兵力で劣っていたギリシャ連合が、マラトンの戦いとサラミスの海戦で勝利しています。これは、強みがあるだけでは勝てないことを歴史が証明しているともいえます。

ギリシャ連合がペルシャ軍に正面から攻撃を仕掛けたり、アテネで籠城すれば、圧倒的な大軍のペルシャに悲惨な敗北を喫したでしょう。逆に、数で優位なペルシャ軍が敗北したのは、大軍の強みを活かした戦い方ができなかったからです。

勝利は単なる強みではなく、「強みを活かせる状況づくり」にかかっているのです。

- **「強み」×「まったく活用できない状況」＝敗北**

・「強み」×「最大限活用できる状況」＝勝利

この構造を理解すると、「当社は高い技術力がある」「当店の料理は美味しいです」「この地域は美しい自然にあふれている」などの言葉が、極めて空しいものだとわかります。それらは活用される状況が整わないかぎり、何の利益も生まないからです。

富士フイルムはかつて写真用の化学フィルムで有名でしたが、二〇一四年のフィルム売上高は全体の一％前後に過ぎません。化学フィルムの市場は縮小を続けたため、富士フイルムの技術的強みは、化学フィルムに固執していては勝利を生み出せなくなったのです。近年は、その技術的強みを活用できるように、医療やライフサイエンス、ヘルスケアなどの領域で業績向上を実現しています。

ビデオレンタル店で有名なカルチュア・コンビニエンス・クラブは、ネット動画配信などの発達で次第にレンタル事業の強みが活かせなくなっていくと予想されています。そこで、現在は五〇〇〇万人を超える会員を持つポイントサービスのTーカード事業や、図書館運営など、会員制度とデータベース運営力という強みを活用できる新分野で躍進しています。

企業にとって強みは絶対に必要ですが、時代の変化や競合との関係により、その活用の仕方は変化していきます。組織において、強み自体は大きく変化しません。重要なことは、その強みを活かす環境が変わっていくことなのです。

企業がいかに勝つかを考え、繁栄を続けていくためには、強みと同様に「強みを活かす状況」をいかにつくるかを考えることが戦略思考の第一歩だと、古代のギリシャ戦史は教えています。

置かれた状況を正しく理解して環境変化に対応できるか、自分の強みを活かせる環境を自らつくっていけるか、歴史の勝者は古代から現代まで同じ道を歩んでいるのです。

テミストクレス

アテネの政治家・軍人・マラトンの劇的な勝利で沸き立つなか、ペルシャ軍の再来襲に備えて海軍力の強化を進める。ギリシャ随一の策士としてサラミスの海戦で劇的な勝利を収めた。

Strategy

選択と集中戦略

2 勝敗を決めるポイントに最も力を集中する

フィリッポス二世【カイロネイアの戦い】

なぜ、世界最強だったスパルタ軍は敗北したのか？

スパルタやアテネは、ペルシャ帝国に劇的な勝利を収めた。しかし、都市国家間の争いでギリシャ世界は次第に疲弊。軍制改革に成功したマケドニア王のフィリッポス二世に征服される。なぜ、マケドニアはギリシャ連合軍に勝つことができたのか？

●繁栄を誇ったギリシャ三都市が覇権を失った理由

紀元前四七九年、プラタイアの戦いで勝利したギリシャ連合は、ペルシャからの反撃に備えて、アテネを中心としたデロス同盟を結成します。

デロス同盟では、各都市が資金を拠出して金庫を共同管理していましたが、ペルシャの脅威が薄れていくと、アテネが資金を不正に流用し始め、同盟を私物化していきます。それにより、アテネに反発した他の都市国家は同盟を離脱します。

しかし、アテネは離脱した都市を見せしめに攻撃、さらなる批判を浴びていきます。アテネの横暴さに懸念を持つスパルタと周辺都市は、紀元前四三一年にアテネと約三〇年にわたるペロポネソス戦争を開始します。その後は度重なる戦闘でアテネが降服し、スパルタがギリシャ世界の覇権を握り始めます。

スパルタは、紀元前三八五年に、ギリシャ都市国家のテーバイを併合。しかしテーバイの軍人エパミノンダスは、友人のペロピダスと祖国の独立解放への機会を狙います。

紀元前三七九年には市民決起でスパルタ支配から脱却し、反スパルタ陣営との関係を強めながら、紀元前三七一年にレウクトラの戦いでスパルタ軍と激突します。

エパミノンダスは当時最強のスパルタ軍に対して、実力を発揮させずに勝負を決めることを狙います。陸戦でまともに戦えば、スパルタ兵は超人的に強かったからです。

スパルタ軍のクレオンブロトス王がいる右翼側に、テーバイ軍は五〇列の兵士（敵の約四倍）を集中配備。このため両軍が激突した際、勇猛なスパルタ軍の全兵士が白兵戦に入る頃には、スパルタの右翼が壊滅。指揮官の王が戦死して、スパルタ軍は潰走します。

しかし、エパミノンダスは紀元前三六二年に戦死。彼の軍事改革は、覇権を拡大する中

マケドニア王国とギリシャ諸都市の位置

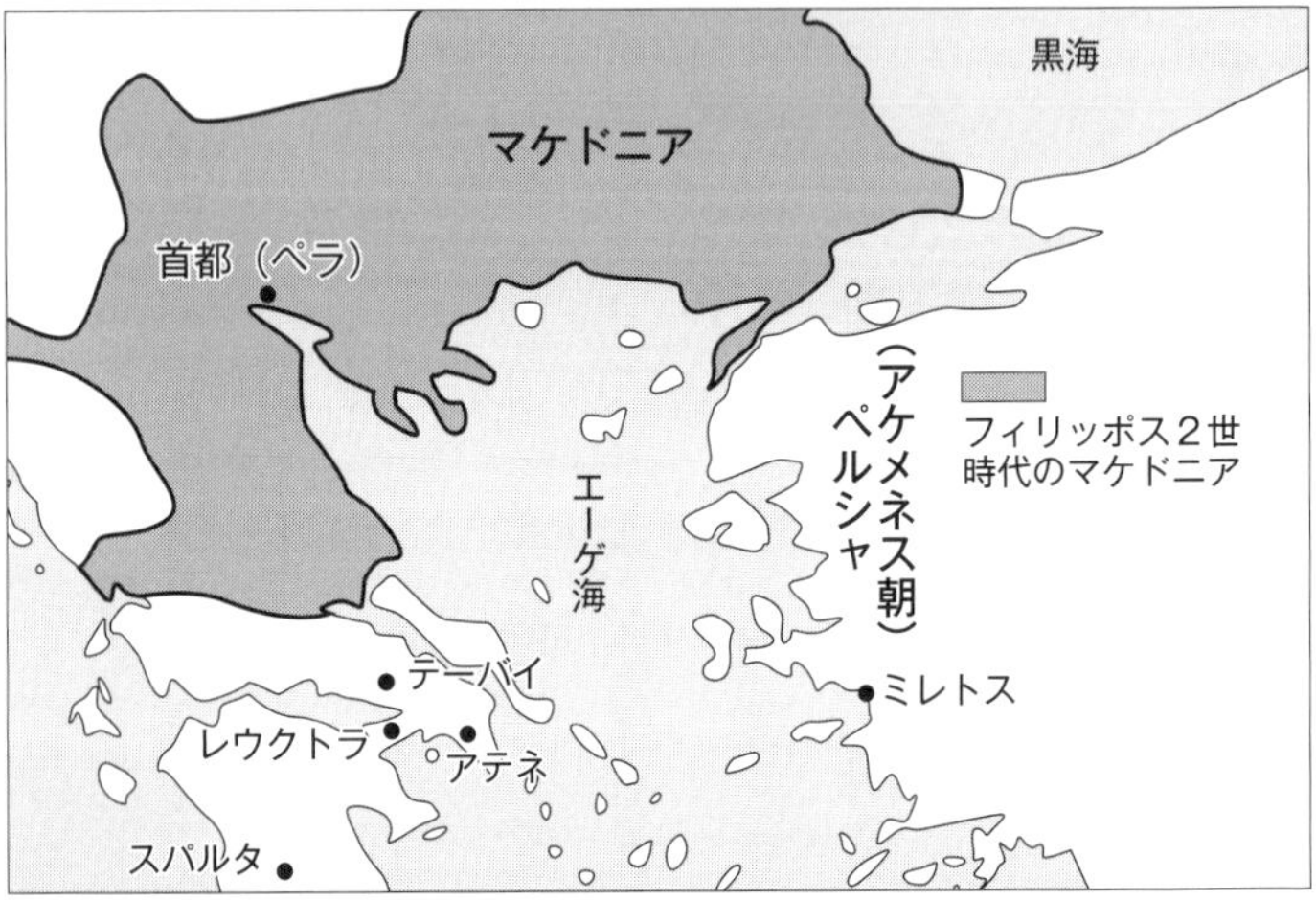

で手にしたマケドニアの人質、若きフィリッポス二世に引き継がれて歴史を大きく動かします。

フィリッポス二世はエパミノンダスを師と仰いで最新の軍事技術を学び、のちにマケドニアの王となったからです。

紀元前三三八年には、アテネ・テーバイ連合軍とマケドニア軍が覇権を賭けて激突します。当時テーバイは、ギリシャ世界で最強と言われる精鋭歩兵部隊を持っていました。

テーバイで人質の経験があるフィリッポス二世は、エパミノンダスの五〇列の兵士による勝利を知っており、テーバイ側の重装歩兵の一点集中突破を食い止める必要性を感じていたはずです。ギリシャ式重装歩兵の三メートルの長槍による突撃を止めるため、彼は五メートルの槍を持つ重装歩兵部隊を開発。左右に騎兵を組み合わせた新たな陣形を考案します。

その陣形により、敵味方の重装歩兵がぶつかると、相手の攻撃を受け止めるあいだに、機動力のある騎兵部隊が敵のすき間に突撃し、ギリシャ兵を分断・包囲して殲滅しました。

なお、この戦いで騎兵部隊を率いて華々しい活躍をしたのが、若き日のアレクサンダー大王です。

スパルタの兵士とアテネ・テーバイの重装歩兵は、ギリシャの武勇を代表するものでした。その二枚看板が共に打ち破られるときが来たのです。

・スパルタの指揮系統が集まる右翼側に、兵士を集中配備した（エパミノンダス）
・ギリシャ重装歩兵を、槍の改良と騎兵の組み合わせで破る（フィリッポス二世）

エパミノンダスは白兵戦に強いスパルタ兵の実力を発揮させずに勝ち、フィリッポス二世は敵の重装歩兵の力を無効化した上で、騎兵という別の強みで勝負を決めました。両者に共通するのは、敵の強みを潰すポイントを見極め、そこに一気に力を集中したことです。

力を分散させない集中と、勝敗のポイントを変える選択の威力

一九七一年にコンビニに業態転換したセイコーマートは、北海道エリアに特化する経営を続けています。「北海道における同社の人口カバー率は九九・五％、道内の店舗の自治体カバー率は九五％、道内シェアは大手コンビニを押さえて三六・三％とトップ」（山田英夫『競争しない競争戦略』より）です。

同社チェーンは大手コンビニとは違い、二四時間営業をせずにほとんどが直営店です。訓練を受けた店員がその場で調理するホットシェフというサービスがあり、人がその場でつくった温かい弁当を購入できることも人気となっています。このサービスにより人口が比較的少ないエリアにおいて、セイコーマートは街の食堂の役割も担っているのです。

二〇一〇年からは店内でパンを焼き上げるサービスも開始し、好評を得ています。

セイコーマートは北海道エリア独特のニーズに応えることにその努力を集中しており、牛乳生産地である北海道の素材を活かしたアイスクリームなども展開しています。ライバルとなる全国チェーンとは、違う部分に強みを集中して勝負しているのです。

テーバイのエパミノンダスは、スパルタ軍との決戦を前に自軍の白兵戦の強化をしたりはしませんでした。数百年の歴史がある軍事国家スパルタに、付け焼刃の白兵戦力では善戦しても勝てないからです。

セイコーマートが大手チェーンと同じサービスを目指せば、北海道の地元企業という立場を活かせなかったはずです。

フィリッポス二世も、ギリシャの重装歩兵の長槍と同じ長さである三メートルではなく、それを超える五メートルを武器として活用しました。これで敵の突進を止めて、騎兵の機動力で勝負を決める。相手の強みで並んでも、それでは接戦になるだけでライバルを圧倒することはできません。勝負を分ける別の分野を選択して、そこに集中することで劇的な勝利を得たのです。

フィリッポス二世

ギリシャ都市テーバイの人質となり、新戦術を学びギリシャ世界を征服した。テーバイの将軍エパミノンダスは彼の師。ペルシャ帝国打倒の前に暗殺され、その夢は息子が引き継いだ。

3

ハンニバル【ポエニ戦争】

勝者が予想できないところを突く

Strategy

目標差別化戦略

なぜハンニバルは、一〇倍のローマ軍を壊滅に追い込めたのか？

イタリア半島で勢力を拡大したローマは、植民地を広げて地中海への影響力を強める。そこで海運国カルタゴと衝突。カルタゴのハンニバルは、後年「戦略の父」とまで呼ばれる天才戦略家。巨大なローマ帝国を震撼させたハンニバルの戦略とは、どのようなものか？

●三度の戦争とハンニバル父子の活躍

カルタゴは紀元前八世紀頃、地中海に面する現在のチュニジア共和国周辺で建国され、次第に勢力を拡大し、紀元前六～五世紀には西地中海の商業地として栄えます。

紀元前四世紀頃にシチリア島の西側を支配しますが、イタリア半島で勢力を拡大したローマも影響力を強めながら、やがて両国は衝突していきます。

紀元前二六四年、シチリア島でスパルタ系国家のシュラクサイが都市国家メッシナを侵略します。メッシナが、三キロの海峡を隔てたローマに助けを求めたことで、島の西側を支配するカルタゴとローマの、三次（一〇〇年以上）にわたるポエニ戦争が始まります。ハンニバルの父、ハミルカル・バルカは第一次の戦争で、戦略の天才として有名な息子ハンニバルは第二次ポエニ戦争でカルタゴ軍を指揮しました（バルカは雷光の意味）。前二四七年に父ハミルカルがシチリア島の指揮官となり、陸海でゲリラ戦を展開、ローマ軍を大いに悩ませました。

海運国カルタゴは操船術が巧みで、ローマは市民兵による陸軍が強かったのですが、地中海を挟んだこの戦争でローマは海戦の重要性を見抜き、新戦術を開発します。船に大きな梯子を据え付け、敵の戦艦にその梯子を打ち込み、歩兵が乗り移って戦う方法です。

これでローマ軍は、海上で陸戦を戦うようにしてカルタゴ海軍に逆転勝利します。カルタゴ海軍が大敗したことでハミルカルはローマと講和を結びます。膨大な賠償金を課されたうえにカルタゴはシチリア島を失い、第一次ポエニ戦争が終結します。

巨大すぎる敵を倒すには、どう戦えばいいのか

父ハミルカルは雪辱のため、九歳の息子ハンニバルも連れてスペインに移住。スペインで諸部族に勝ち、領土と富を得ながらも父ハミルカルは戦死。バルカ家がスペインを支配してハンニバルが将軍に選ばれたとき、彼は父の宿願を果たしたいと強く願いながらも、ローマの強大さとカルタゴ側の劣勢を冷静に見抜いていました。

ローマ軍の強大さとカルタゴの圧倒的な不利

- **第一次ポエニ戦争でローマに制海権を奪われたこと**
- **ローマが動員できる総数は約三〇万人（イタリア半島の全支配都市から）**
- **ローマの正規軍に対して、ハンニバルが動員できる兵数は傭兵が五万人程度**

ハンニバルがローマ軍との戦争で計画したのは「敵の意表を突いた勝利」でした。

彼は約五万人と戦闘象三七頭でスペインから隠密に東進、北イタリアから侵入します。

「ローマ側は戦争はスペインとシチリア島で行われるものとばかり思っていたので、アル

プスを越えてハンニバルが侵攻してきたとき、彼らは驚愕し恐怖を覚え、侵攻を食い止めようと大軍を北イタリアに送った」（ジョン・プレヴァス『ハンニバル　アルプス越えの謎を解く』より）

途中のローヌ河を渡る際には、対岸に敵となるケルト人部隊が控えていました。ハンニバルは部下の一隊に密かに上流で渡河をさせ、ケルト人の背後に回らせます。味方の狼煙の合図で、ハンニバルの本隊は渡河を開始。ケルト人部隊は目の前のカルタゴ軍本隊に襲い掛かりますが、その瞬間ハンニバルの別働部隊がケルト人の陣営に火を放ち、ケルト人は自分たちの背後で突然、火の手が上がり大混乱に陥ります。

北イタリアのトレビア河では、ハンニバルは少数の騎兵で敵を誘い、ローマ軍の前衛が冷たい冬の河をこちら側に渡り切ったところで急に反転、対岸に渡った味方の全滅を防ぐために、ローマの全部隊が冬の河を慌てて渡り救援に向かいますが、ずぶぬれで疲労困憊の状態となり、前日夜から南方に隠れていたハンニバルの弟マゴが指揮する軍勢に後ろからも襲われ、壊滅状態となり敗北しました。

史上名高いカンネーの戦いでは、ハンニバルは最初に敵の突撃型の将軍にわざと負け、守備的な将軍には勝つ偽装をくり返してローマ軍に「突撃型の将軍」の指揮が有利と思わ

ポエニ戦争：ハンニバルとローマ軍の主な戦場

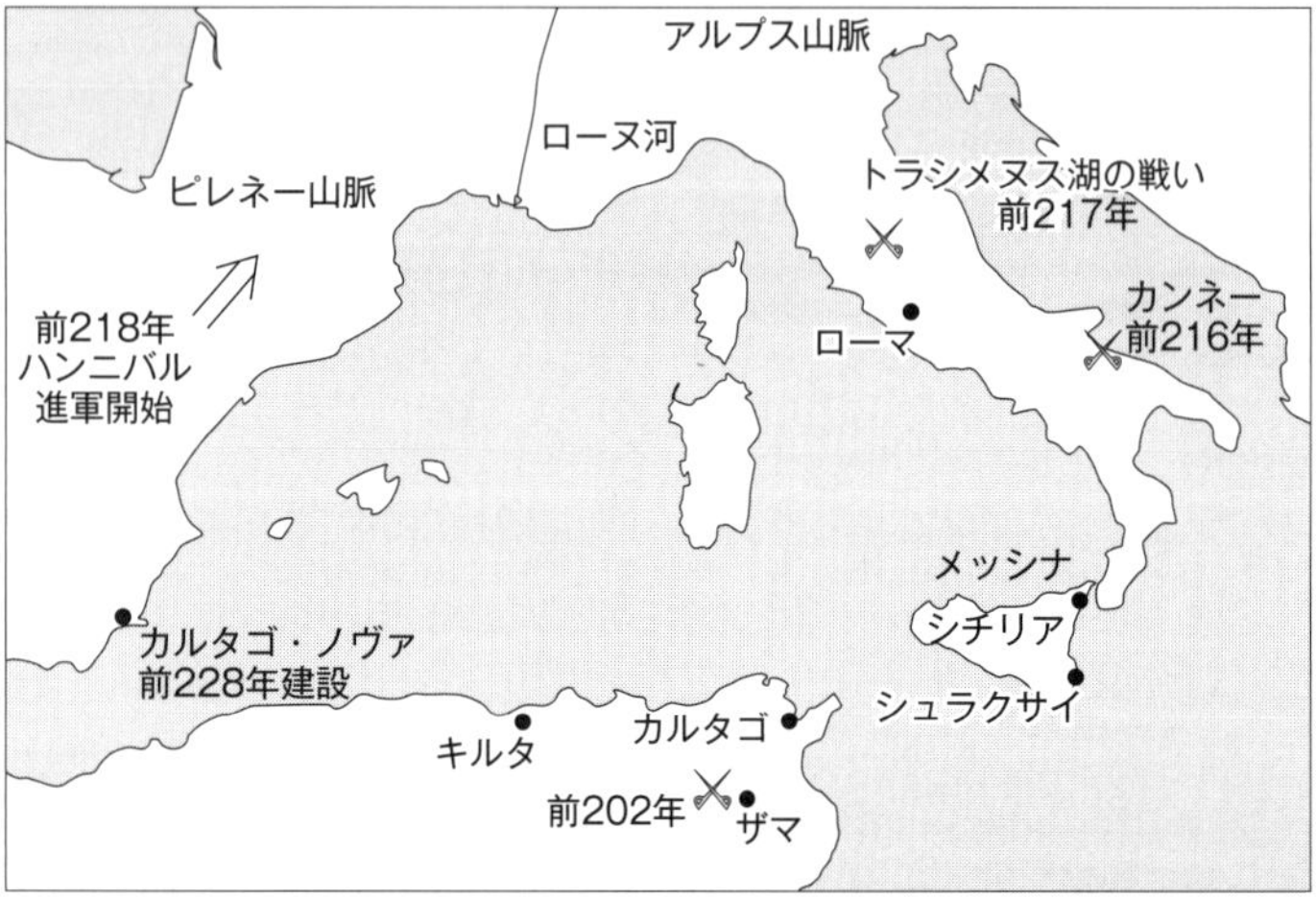

せます。八万人の敵ローマ軍に対して、ハンニバル側は五万の兵。しかし決戦では猛進するローマ軍を巧みに引き込みながら、騎兵で背後に回り込み包囲して殲滅しました。ローマ軍の戦死七万人、捕虜一万人、元老院八〇人の戦死にローマは驚愕します。

●ビジネスの「敵の意表を突く勝利」を実現する戦略とは

ビジネスにおいても少数側が勝つには、意表を突く勝利を目指すことが効果的です。

では敵の意表を突くことは、どのようにすれば実現できるのか。

世界最大のスーパーマーケットチェーン

である米ウォルマート。同社は一九六九年にサム・ウォルトンによって創業された後発企業でした。しかし同社は世界一となり、一歩早く規模を拡大させていたＫマートは二〇〇二年に破産しています。

ウォルマート勝利の最大の理由は、これまでと違う同社の出店形態にありました。スーパーマーケットの出店には一〇万人以上の人口が必要とされていました。ところが、ウォルマートは一万人規模の都市に、業界の常識を無視して小型店を出したのです。彼らは小型店をネットワーク化して、一五〇店舗で一〇〇万人の人口をカバーするという別の勝算を持っていたからです。

ウォルマートは業界の常識を打ち破り、新しい成功の定義を見つけていたのです。常識にばかり目を向けたライバル企業は、ウォルマートがなぜ「市場がないはず」の場所に出店するのかわかりませんでした。この出店システム変更から、ウォルマートの優位は一〇年以上続きます。

日本一社員が幸せな会社と呼ばれる、岐阜県の未来工業は年間休日一四〇日、全員が正社員という驚きの制度を持っています。同社は多くの会社と逆の目標をあえて掲げることで、極めてユニークかつ収益性の高い経営を実現しています。

一般的な企業と違う目標で勝負する

・お客さんにウケる製品づくりにはコストをかけろ
・赤字製品でもお客さんが喜ぶならつくる

（山田昭男『働き方バイブル』より）

未来工業は、電気工事に使われるスライドボックスで、顧客の使い勝手が良くなる工夫にあえてコストをかけた結果八割もの市場シェアを獲得。また、ケーブル滑車という部品では利益の出る売れ筋の三製品だけでなく、お客様側にとって必要な残りの赤字一二製品をあえて生産。市場シェア九割を独占し、製品全体としての黒字を達成しています。

ライバル企業も含めて全員が目を向ける場所で戦い、同じポイントで勝負を仕掛ければ、数の理論で大手企業に少数勢力が逆襲することは、ほとんど不可能になります。

ウォルマートや未来工業のように、成功の定義を変えて戦うことが重要なのです。

ローマの大軍が全滅したカンネーの戦いでは、ローマ側は「中央の突破」が勝負の鍵だと考えましたが、ハンニバルは「敵の完全包囲」こそが勝利の鍵だと考えていました。

どれほど勇猛な兵士でも、突撃する予定の正面ではなく、予想外の方角から思ってもみない相手に攻撃されることにはスキがあり、弱いものだからです。

相手が「攻めてくるだろう」と思わない場所を戦場とすること。そしてライバルとは違う点を勝利の鍵として設計すること。この二点が敵の意表を突く勝利を生み出すのです。

ハンニバル・バルカ

カルタゴ軍の指揮官。父ハミルカルの遺志を継いでローマに進軍する。アルプス山脈を戦闘象と越え、北イタリアから南進したカンネーの戦いでは劇的な勝利を収めた。

4

ユリウス・カエサル【ガリア戦争】
戦闘で負けないことより機会に焦点を合わせる

Strategy

機会活用戦略

なぜカエサルだけが、どんな敵にも勝てたのか?

ハンニバルのカルタゴ軍が敗北して、ローマは領土をさらに拡大。三頭政治で彗星のように出現したカエサルは、現在のフランスに位置するガリア地方で多くの民族と戦い、全土を征服する。なぜカエサルは、どんな敵にも勝つことができたのか。

英雄カエサル、ローマで内乱を起こす

連戦連勝したハンニバルですが、ポエニ戦争はカルタゴの敗北で終わります。ハンニバルの強さに気づいたローマは戦略転換を図り、ハンニバルがいない敵軍とだけ戦い、ハンニバル軍を避けてイタリア外のカルタゴ勢力を壊滅させたからです。

直接戦闘では無敵のハンニバルも、ローマの仕掛けた総力戦に次第に勢力を削られ、最

後はカルタゴ本国へ侵入したローマ軍を追い、ザマの戦いで敗北を喫します。

ザマの戦いから約１００年後、ユリウス・カエサルがローマで生まれます。四〇歳で三頭政治家の一人となり、二年後にガリア地方（現在のフランス周辺）総督となりガリア戦争を開始。ローマ支配に反旗を翻した地方部族に勝利を重ねます。

共和政ローマでは三頭政治と元老院がバランスを取っていましたが、三頭政治家の一人クラッススの戦死で、もう一人のポンペイウスと元老院が結託。ガリア戦争で英雄となったカエサルを排除しようと目論みます。

元老院がカエサル軍の解散を命じるも、カエサルは拒否。彼を「国家の敵」と宣言した元老院に対抗して、カエサルは祖国ローマに向けて軍事侵攻を開始します。

紀元前四九年、イタリア本土に進攻するためカエサルはルビコン川を渡りました。ポンペイウスと元老院は、カエサルの支持者が多いローマでは不利と判断して南方へ移動。カエサルは彼らを追撃してスペインで元老院側を撃破するも、北アフリカでは配下のクリオ軍が全滅します。

紀元前四八年にはファルサルス（現在のギリシャ）でポンペイウス軍と激突。敵の行軍形態を見てカエサルは素早く対策を講じて、右翼からの攻撃で敗走させます。

カエサルはポンペイウスを追ってエジプトに入り、美しい女王クレオパトラと出会い、女王の敵プトレマイオス一三世を倒します。紀元前四五年にポンペイウス派の残存勢力も一掃しますが、翌紀元前四四年三月に元老院の議場内でブルータスに暗殺されます。

●成功は戦闘そのものにではなく、機会を上手くつかむことにある

カエサルは幅広い種類の敵に、異なる戦場で勝利し続けた稀有な人物です。彼の戦略眼を示す言葉を『ガリア戦記』から紹介します。

「成功は戦闘そのものにではなく、機会を上手くつかむことにある」

（『ガリア戦記』講談社学術文庫版より）

カエサルにとって「機会」という言葉は何を意味したのでしょうか。

「機会」とは、勝利を待ち構えて先回りできるチャンスをつかむことです。ある情報に接したとき、彼は「その動き（情報）の行き着くところ」を読み、優位な場所を自軍が先回りして手に入れることで度々勝利しました。

ゲルマニア人との戦闘では、敵将アリオウィストゥスの動きから、別の部族（スエビ族）との合流を防ぎ、戦争に必要な食糧の他、物資が豊富なウェソンティオ城市を奪取するため、カエサルは昼夜兼行で進軍して占領し守備隊を先に置いてしまいます。

ベルガエ人との戦争では、他の部族から情報を収集し、ベルガエ人の軍隊が集結しつつあると知ると、食糧補給の段取りをつけた瞬間に出発。あまりにカエサルの到着が早いので、ベルガエ人の一部部族は戦闘を諦めてすぐに降伏したほどでした。

彼の勝利を支えたもう一つの秘密は、適切な場所への砦（城塞）の構築でした。

ガリア戦争のクライマックスで、敵のリーダーのウェルキンゲトリクスをアレシア城市に追い詰めたときのこと。丘の上にある城市の中に立てこもる敵は八万人、包囲するローマ軍は五万人、またリーダーの危機を知ったガリア部族は総力二五万人で救援に駆けつけました。

ローマ軍は長さ二〇キロを超える包囲城塞を築き、内側と外側からの敵を受け止め、最後はローマ軍の勝利に終わります。この勝利は、極めて強固な城塞をカエサル軍が一か月をかけて完成させていたことによってもたらされました。

●徹底して機会に焦点を合わせよ

カエサルの姿勢を「機会活用戦略」と呼ぶならば、どんな特徴があるのでしょうか。

カエサルに学ぶ機会活用の実践

- **(これから)戦場となる場所に最速で到着し優位を占める**
- **(これから)必ず必要になる物資を押さえる**
- **(これから)必ず通過する場所に強固な自軍の砦を先に築く**

ビジネスでも先行者優位という言葉があるように、最初に新カテゴリーの製品を発売したり、一番にサービスを展開する企業は広く消費者に認知されるチャンスを得ます。

必ず必要になる物資を押さえるとは、戦争でいえば資材や食糧、兵員のことになりますが、ビジネスでは特許などの知財、小売では利便性の高い立地などを意味します。

「スマホのインテル」の異名を持つ米クアルコム社は、通信用のベースバンドプロセッサで二〇一四年には世界シェア六割を超える企業です。同社の躍進はCDMAという通信技術の開発で成し遂げられました。携帯端末が高速通信(3G)に移行する際に、同社のC

ＤＭＡ方式が広く採用されたからです。

Ｗｉ－Ｆｉ技術を持つ企業の買収などでスマホに関連する知財をがっちりと押さえて、スマホの利用者が世界的に広がることが同社の収益向上に直結するようにビジネスが組み立てられています。クアルコムは旧世代の携帯端末ビジネスでは、競合他社に苦戦した経験を持ち、３Ｇへの移行を機会として照準を合わせていました。

これは次の会戦に必要な物資（技術）を押さえ、通行する消費者が大量に増える道に強固な砦を築くことに似ています。

起業家ビル・ゲイツ氏に見る機会活用戦略

世界長者番付で一三年連続の一位だったビル・ゲイツ氏は、高校時代から当時普及し始めたコンピューターにのめり込み、ハーバード在学中に友人のアレンと大手企業にプログラムを売り込むも、最初は上手くいきませんでした。しかし一九七四年に新発売のコンピューター「アルテア」が雑誌に掲載されているのを見て、二人は衝撃を受けます。

「それに気づいた瞬間、二人はパニックに襲われた。『ああ！　オレたち抜きで始まっている！　皆がこのチップのために本物のソフトフェアを書き始めるぞ』（中略）。ＰＣ革命の第一ステージに参加するチャンスは一生に一度しかない——私はそう考え、そしてそのチャンスをこの手でつかんだ」（ウィリアム・ダガン『戦略は直観に従う』より）

二人はアルテアの販売元ＭＩＴＳに電話をかけ、このＰＣ上で作動するＢＡＳＩＣプログラムを開発中だと話しました。この電話で相手の興味を引き、六週間後に契約に成功します。この体験から、ゲイツは次の洞察を得て大富豪になるための機会に先回りをします。

「ハードウェアが安価になり、高性能なソフトウェアがハードウェアより重視されるようになれば、至るところにコンピューターが普及するだろう。われわれは他社が安価なハードウェアを販売することに賭け、他社に先行してソフトウェア開発の会社を設立した」

（前出書より）

ゲイツは自ら体験したことから、コンピューターが世界的に普及してハードが低価格になると予想しました。彼はこの機会に先回りしてソフトウェア会社を設立し、勝利を待ち構えることができる優位点を誰より早く占領したのです。

機会活用戦略を知る者は、ある情報やトレンドから事態の「行き着く先」を予測して勝利を待ち構えることができる場所を独占します。これはまさにカエサルの得意技でした。

先行者利益を確実に得るためには、特許を含めた知財戦略、また立地や人材が最優先となるビジネスではそれらをしっかり押さえなければなりません。これはカエサルが戦う前に優位な地を選び、食糧を押さえ、必ず強固な砦をつくったことに似ています。

今の情報による流れはどこに行き着くのか。最終的にどんな展開と結末になるのか。事態を傍観するだけでは、勝利は目の前を素通りしてしまいます。機会を上手くつかむためには、カエサルのように、流れに先回りして勝利を待ち構えることが不可欠なのです。

ユリウス・カエサル

共和政ローマの軍人、政治家。ガリア戦争で劇的な勝利を収めてローマの英雄となる。内乱を起こして勝利するも暗殺されたが、彼の養子はやがてローマ初代皇帝となる。

第2章

中国の軍師から「逆転力」を学べ

——弱くても勝てる戦略発想の源泉

5

張儀【藍田の戦い】

群雄割拠の中では、弱者同士を団結させせない

Strategy

弱者分断戦略

始皇帝はなぜ、はじめて六国を統一できたのか？

数百年間も各国が争う時代を終結させ、中国史上初の統一帝国をつくった始皇帝。弱者から始まった秦は、七つの国が競った戦国時代に、決して逆転を許さず強者の地位を確保し続けた。最後に覇者になるための、どんな戦略が秦にあったのか。

絶対的な支配者となるために着々と行われたこと

一九七四年に世界を驚かせるニュースが発信されました。中国の陝西《せんせい》省で始皇帝の陵墓、兵馬俑《へいばよう》坑が発見されたのです。二万㎡もの広大な陵墓には、陶製の馬六〇〇体と八〇〇〇体もの兵士俑があり、陶器製の巨大な秦軍が地下に眠っていました。

紀元前二二一年、秦王の「政《せい》」は戦国の七雄と呼ばれた国々を滅ぼして中国を統一。こ

戦国の七雄：秦以外の各国が滅ぼされた年

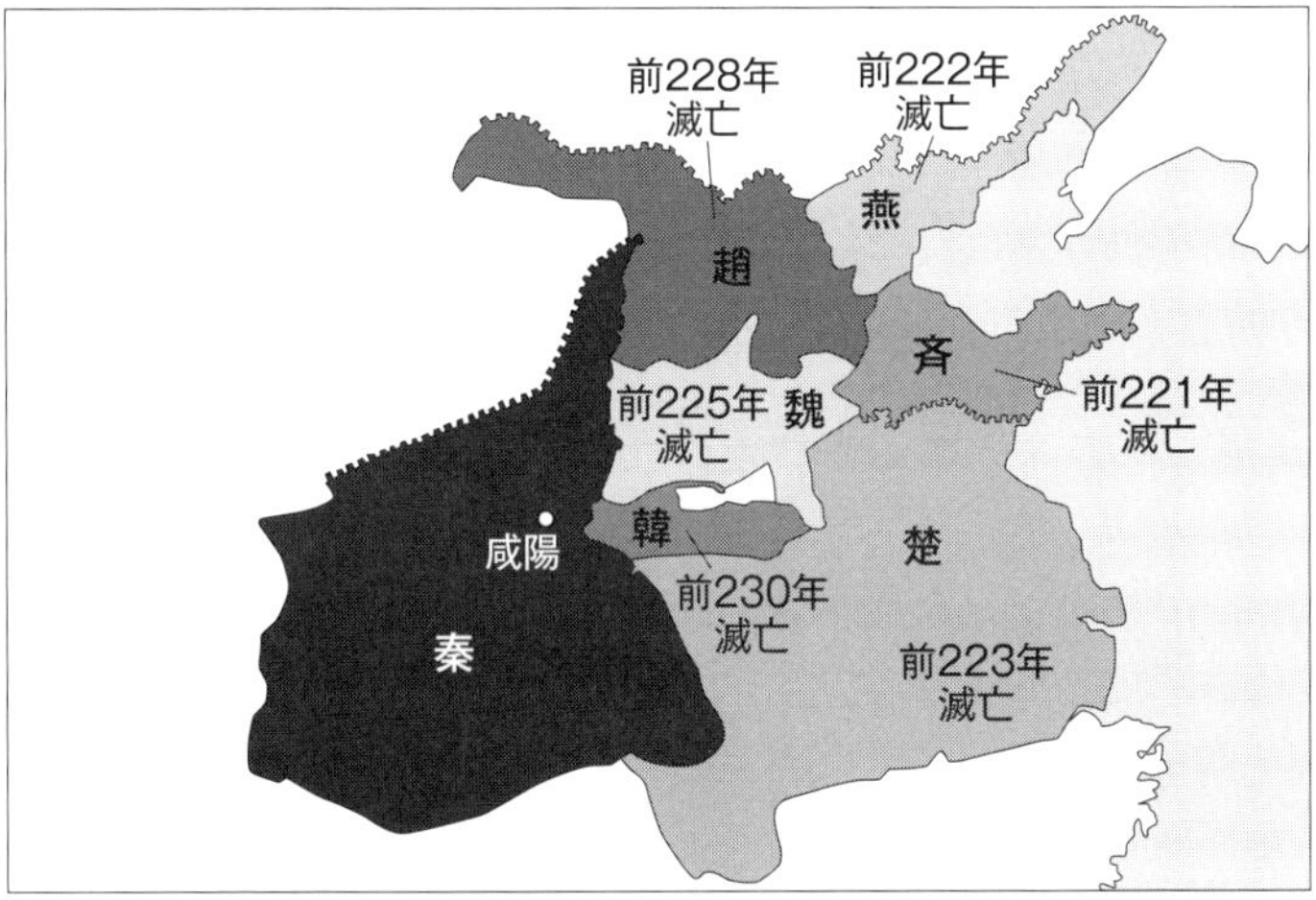

のとき三九歳。絶頂の彼が過去の王たちが成しえなかった偉業に相応しい称号を求めてつくった呼称が「始皇帝（最初の皇帝）」です。

秦といえば、始皇帝の絶対的な権力で中国を統一したイメージが強いですが、実際はそれまで数百年にわたり着々と統一に向けた戦略が、各時代の王により実施されていました。

秦の歴代の戦略をあげれば、大きく次の四つになるでしょう。

①貴族の特権廃止と、軍功で出世が決まる社会制度（紀元前三五〇年代：商鞅《しょうおう》）

②ライバルの六国を仲違いさせて、各個撃破する（紀元前三三〇年代：張儀）

③遠くの国と友好し、近くの国を攻撃して滅ぼす（紀元前三〇〇年：范雎《はんしょ》）
④滅ぼしやすい国家から個別分断して撃破（紀元前二三〇年：李斯《りし》）

統一の一〇〇年ほど前から、秦の王族は優れた人材を集めて富国強兵の道を歩んでおり、紀元前三五〇年頃に活躍した商鞅が、まず世襲制を廃止して軍功ですべてが決まる社会制度をつくり上げ、秦は戦国の中で最も統制のとれた国家となりました。

強国となったのち他の六国を団結させず、謀略で離反させながら一強と弱小諸国という態勢を巧みに維持して、やがて領土にしやすい隣国から併合していきます。

始皇帝の統一の約四〇年前には、強国の一つ、趙との「長平の戦い」で、秦の名将「白起《はくき》」が趙を破り四〇万人の捕虜を生き埋めにします。

政の時代には、老将軍の王翦《おうせん》が趙、楚、燕などに勝利を収めました（最後の競合国、楚との戦いでは六〇万の兵を王翦が率いた）。

弱者を団結させず、各個撃破して六つの国を滅ぼす

秦の歴代の王は、新思想を持つ優れた人材を広く求め、始皇帝も中国古典の『尉繚子《うつりょうし》』

の作者・尉繚や、『韓非子《かんぴし》』の作者・韓非などの非凡な人材の叡智を活用しました（ただし、韓非は李斯の讒言《ざんげん》によって自害）。

強国となってからの秦は、何代も王を代えながら、一つだけ貫き通した戦略がありま す。それは「弱者分断」です。

紀元前三三〇年頃、秦で重用された謀臣の張儀は「連衡策」を提唱します。各国に一致団結させず、一国ずつ秦と関係を結ばせる、強者と弱者の関係を固定させる戦略です。

張儀は強国の楚に、斉という国との同盟を破棄すれば、広大な土地を譲ると申し入れま す。喜んだ楚王は、斉を侮辱して同盟を破棄。ところが張儀は、土地は約束した一〇〇分の一の小さなものだと主張。騙されたことに気づいた楚王は、怒りにまかせて秦と戦争をしますが、同盟国の斉を自ら失っていた楚は、藍田《らんでん》の戦いで大敗を喫します。

秦は中国統一まで一貫して、このように敵を分断する政策を維持、強化していきます。

逆に、弱者の戦略は強者の秦に対して六国が一致団結して戦うことであり、一強支配を突き崩すには、秦への共同戦線のみが勝機でしたが、秦はそれを賢く防いだのです。

強者にとって「分断」は、あらゆる交渉と攻撃の基本

強者が優位を守る「分断」は、主に二つのビジネスシーンで頻繁に活用されています。例えば、団体交渉にも「分断」は強者の戦略として使われます。工場撤退などの労使交渉では、撤退反対派の分断のため、工場長や一部のキーパーソンには撤退後の栄転を約束して、反対派が結束を固めて勢いを増すのを防ぐことなどに応用できます。

業界の支配的な立場を持つ大企業が、厳しい取引政策に反対する中小企業を分断するために、シェアの大小で企業に「序列や待遇の違い」をつけることで、反対派の団結を防ぎ、気勢を弱めることにも使われます。

もう一つは、支配的なシェアを持つ企業による「後追い製品」の開発と販売です。

特定の新しいカテゴリ、例えば自動車ならミニバンなどの新製品が弱者のメーカーから新たに発売されたとき、強者は必ず同じカテゴリの類似製品を投入します。ミニバン人気に火がついたときの売上を、最初に開発した弱者だけが独占しないよう、新カテゴリの製品人気を分断して、シェアの逆転を許さないようにするのです（マーケティングなどでいわゆる「追従戦略」と呼ばれる戦い方がこの分断に当たる）。

弱者より販売店や営業マンが多い企業は、下位企業のヒット商品に目を光らせておき、

弱者分断戦略 敵を分断して覇権を握り続ける

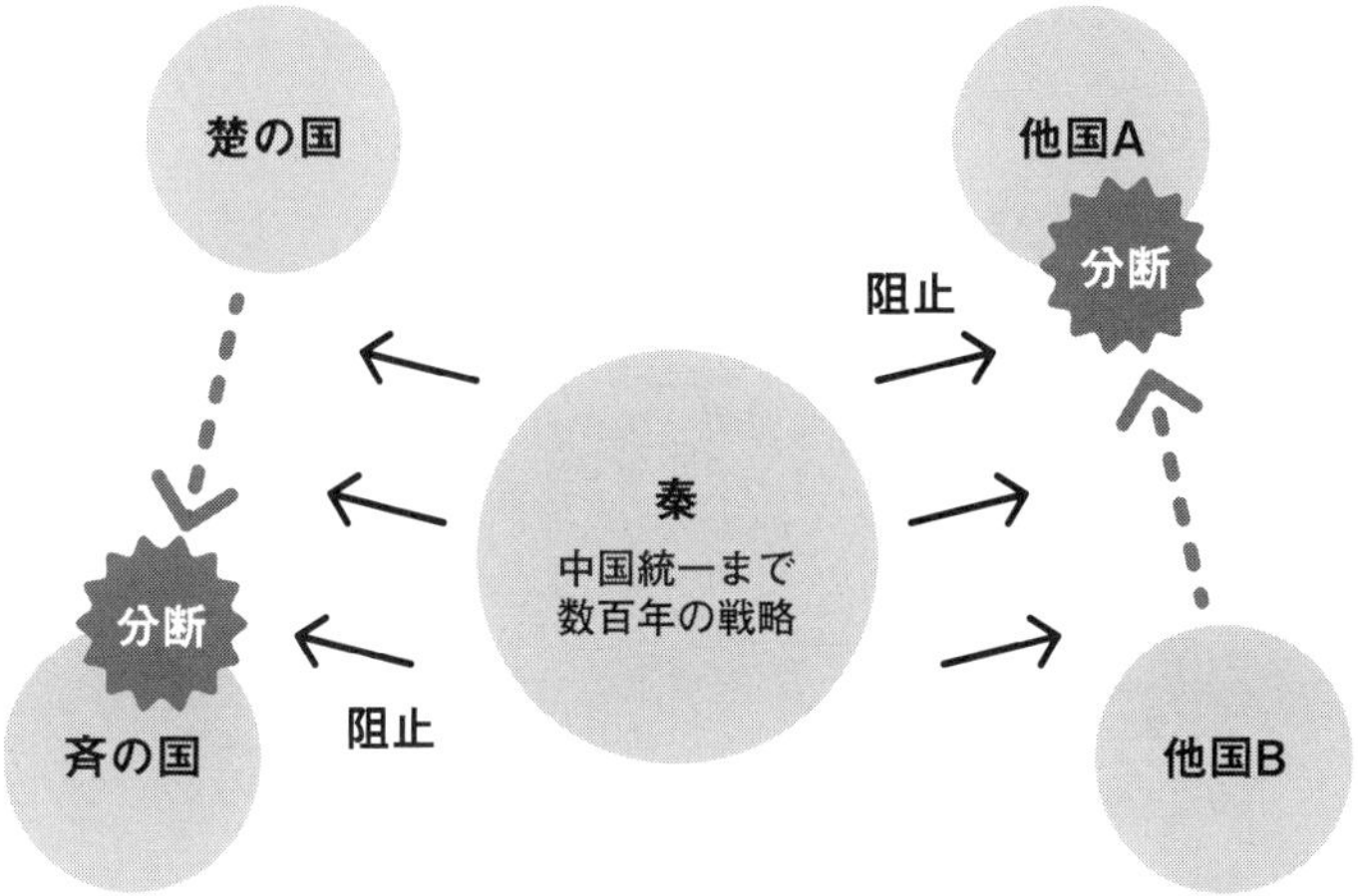

▶ 後追い製品（追従戦略）で人気を分断

ライバル企業のヒット商品に、必ず類似の製品を出して選択肢を増やしておく。ライバル企業の製品だけでは人気が集中してしまうため、売上も分断する。

その製品なら当社にもありますよ、とより広い範囲で強力に宣伝すればいいのです。

弱者に逆転させない分断戦略で、秦は強者の立場のまま一〇〇年以上の時間をかけ六国を傷めつけ、反撃できないほど弱体化したときに、秦王の政がすべてを滅ぼし支配者となったのです。

©C.P.C.photo

張儀

秦の始皇帝の統一より一〇〇年ほど前に秦に仕えた政治家。楚と斉の同盟を破棄させるなど、強国秦の立場を脅かす存在をことごとく弱体化させた。紀元前三〇九年没。

6

張良【垓下の戦い】

「弱さ」を認めることが逆に大きな武器となる

鬼神の強さを誇る項羽ではなく、なぜ弱者の劉邦が天下を獲れたのか？

カリスマ始皇帝の死後、宦官の謀略で暗愚な人物が後継者となって混乱した秦は、各地で農民反乱が発生。混乱の中で現れた項羽と劉邦の二人の英雄は、秦を滅ぼしたのち、新たな中華帝国の覇権を賭けて激突する。弱者だった劉邦がなぜ、勇猛な項羽を倒せたのか？

Strategy

自己認識変革戦略

最初の統一王朝が崩壊した理由

紀元前二一〇年、六国を滅ぼした始皇帝も四九歳で死去します。

丞相の李斯は、宦官の趙高《ちょうこう》という人物にそそのかされて、始皇帝の遺書を偽造。長男で本来後継者だった優秀な扶蘇《ふそ》を殺害し、暗愚だった胡亥《こがい》（末子）を次の皇帝に指名します。

秦を滅ぼした項羽がつくった18国と主な領主

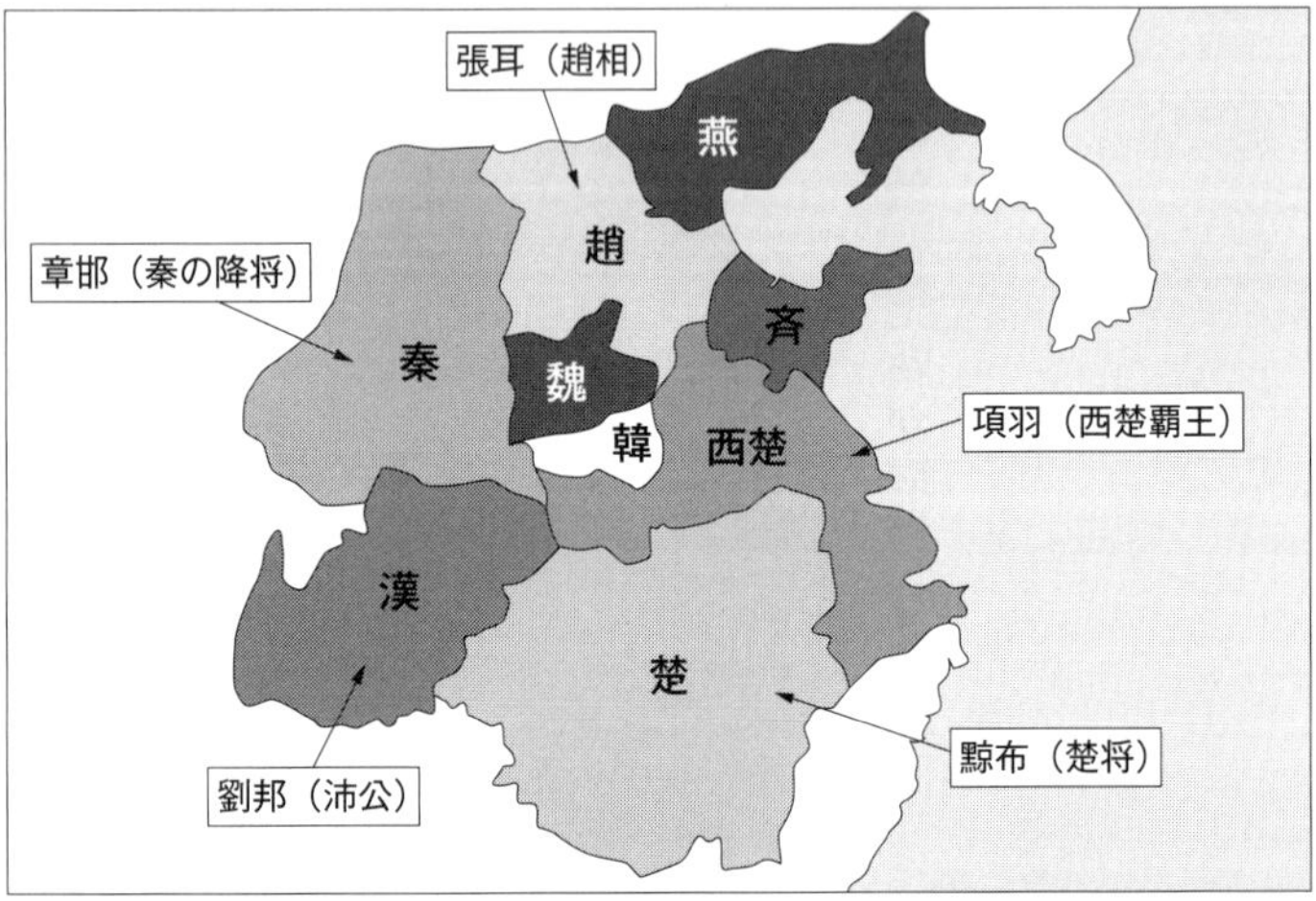

やがて趙高は二世皇帝を操る影の実力者となり、優れた政治家だった李斯は趙高の陰謀によって処刑されます。これにより、秦帝国の崩壊は加速していきました。

厳格な法で管理されていた秦では、あまりの重税で農民反乱が各地で頻発。滅ぼされた旧六国の遺臣たちも各地で反乱軍を組織しますが、その中で二人の英雄が台頭します。

一人は項羽、楚の将軍の家柄で戦争にめっぽう強い将でした。もう一人は劉邦、彼は地方の小役人をしたこともある人物ですが、農村で侠客のような前半生を送っていました。

項羽と劉邦は秦を打倒する戦争で、次第にライバルとして戦果を争うようになります。紀元前二〇六年、項羽軍が秦の都だった咸陽《かんよう》に火をつけ廃墟とし、中国最初の統一王朝は、わずか一五年で滅亡します。

弱くても勝てる！　項羽と劉邦の戦いの違い

項羽と劉邦の戦闘の経過と結果を振り返るとき、多くの人は驚きを感じるでしょう。なぜなら、戦闘では圧倒的に項羽が強く、劉邦は名門でもなく武勇に抜きん出た人物でもなかったからです。彼はむしろ、自らの弱さを大きな武器としました。

- **知恵のある部下の助言や提案に素直に従った**
- **秦への進軍では、強敵をひたすら避けて蛇行しながら進軍した**
- **褒美や名声は、活躍をした部下に気前よく分け与えた**
- **限界まで戦わず、必要があれば何度でも逃げた**

項羽軍には、范増《はんぞう》という老軍師がいました。しかし項羽は自軍が優勢のとき、劉邦を殺すべしという范増の助言を無視し、千載一遇の機会にライバルを逃します。秦の都を攻略する競争では、項羽が秦を目指して直進し、すべての敵を倒して進軍したのに対し、劉邦は手ごわい敵をすべて迂回、なんと劉邦のほうが先に咸陽に到着しています。

劉邦は軍師の張良の助言を素直に実行し、韓信《かんしん》や彭越《ほうえつ》などの戦争に勝つ武将に褒賞を与えて取り立て、時間と共に項羽を圧倒します。

項羽は名軍師の范増がいるあいだは劉邦に勝ち続けましたが、敵の離間策で范増を手離し、自分ですべてを取り仕切ることで自滅していき、紀元前二〇二年の「垓下《がいか》の戦い」で殲滅されて自刃します。

●松下幸之助が実践した「弱さのマネジメント」の威力

ビジネスでも、自己を強者と認識するか、弱者と認識するかで戦い方は異なります。劉邦の姿と重なるのは、なんといっても松下電器産業（現パナソニック）を一代で築いた松下幸之助氏の生涯でしょう。

父親が米相場で破産したため、九歳で丁稚奉公に出た幸之助は、人間関係の中で成功するには「独り勝ち」を避けるべきことを学びます。また、病弱のため人に任せる経営ができる組織体制を重視し、細かく部門化して責任者に指揮をさせました。

「マネシタ電器」と呼ばれたのは、代理店販売網による売る力で、他社が開発した新製品に一工夫をした商品を開発、後追いでも販売力で競り勝ってしまう松下独自の販売戦略からつけられた呼び名でした。

・自己を「強者」と考えて振る舞う（問題に真正面からぶつかり、他者を支配する）

・自己を「弱者」と考えて振る舞う（問題を迂回し、他者から協力と貢献を引き出す）

昭和初期の世界大恐慌で、幸之助は危機に社員をリストラせず、工場を半日操業にして生産調整し、工員を営業に回して一人もクビにせずに不況を乗り切ります。このような「人心を掌握した経営」が松下電器社員を団結させ、猛烈な努力を引き出したのです。

他社の優れたアイデアをすぐ取り入れたのは、無駄な自己のプライドを持たず、自らを弱者と考えて人を徹底活用する姿勢の賜物です。弱者の自己認識を武器とするマネジメントの威力で松下電器は勝ち、世界的な電機メーカーとなったのです。

劉邦が項羽に勝ったのは、自分一人ですべてを行えないという優れた見切りです。自己を弱者と見極め、参謀の張良や韓信などの優れた武将を引き立て活躍させることで、山を抜くほどの力を持つと自ら豪語した項羽を倒すことに成功したのです。

張良

劉邦の天下統一を補佐した名軍師。秦に滅ぼされた六国の韓の生まれ。復讐を狙うが、始皇帝暗殺に失敗。劉邦に出会い、その人柄に惚れ込み、彼の軍師として活躍する。

7

諸葛孔明【赤壁の戦い】

弱みは見方を変えれば一瞬で強みへと変わる

Strategy

再定義戦略

諸葛孔明は劉備を皇帝にするために何をしたのか?

後漢の滅亡で再び混乱の時代を迎え、中国大陸は新しい英雄たちを待望する。新たな武将たちが現れては消える中、魏の曹操、呉の孫権が大勢力となる。鳴かず飛ばずの劉備玄徳を、天才軍師と名高い諸葛孔明は、どのような秘策で皇帝にしたのか?

四〇〇年間におよぶ漢帝国の治世から群雄割拠へ

始皇帝崩御で、わずか一五年で消滅した統一国家の秦。乱世をまとめ上げた劉邦は、秦を打倒し漢帝国の創始者となりますが、秦の過酷な法治・中央集権の反動から、中央集権と地方権力が併存する、中間的な支配で体制維持に成功します。

途中、王莽《おうもう》という王族の一人が政権を簒奪《さんだつ》することがありましたが、その後は劉氏が再

三国鼎立の勢力図 ※荊州は関羽の敗死で呉の領土に

び天下を収め（後漢）、紀元二二〇年まで約四〇〇年間の長期帝国となりました。

後漢は北方・西方の異民族との戦争で疲弊し、中央政権が宦官による腐敗と悪政を重ねたことで、一八四年には民衆の全国的な反乱が起こります。

中央政権が、軍閥・地方勢力を反乱の鎮圧に利用したことから、軍事勢力を持つ軍団の権力が拡大。群雄割拠の状態を招いてしまいます。

その中で勢力を拡大したのが魏の曹操です。その他、三国志で有名なのは、劉備と孫権の二人です。劉備は関羽・張飛などと反乱鎮圧で戦い、次第に傭兵的な軍団として拡大するも拠点を持てず流浪、孫権は大陸の南方である呉で世襲的に権力の座につきました。

曹操は、名門出身の袁紹《えんしょう》と「官渡《かんと》の戦い」（二〇〇年）で激突、自軍の数倍の袁紹軍に勝ち、北方と中央の支配者となります。

二〇八年に曹操は南方進出を開始しますが、その年の冬に「赤壁《せきへき》の戦い」で呉の周瑜《しゅうゆ》の策に敗れ、魏呉蜀の三国鼎立の状態が生まれます。劉備は三顧の礼で迎えた軍師、諸葛孔明の策で呉と結び、赤壁で曹操を破ります。

流浪の軍団トップだった劉備が孔明から授けられた戦略

三国志は『正史』と呼ばれる歴史書と、歴史小説の『演義』が有名です。正史は蜀の遺臣であり、蜀滅亡後は魏の後継国家である西晋《せいしん》に仕えた陳寿《ちんじゅ》が書き上げました。本書は主に陳寿の正史（『正史三国志〈5〉蜀書』）を参照しています。

曹操が袁紹を破って以降、劉備は現在の河南省である荊州《けいしゅう》に逃れており、そこで諸葛孔明と出会います。孔明は流浪を続けてきた劉備に「天下三分の計」を授けます。

諸葛孔明の天下三分の計

- **曹操は百万の軍勢を擁し、正面から対等に戦える相手ではない**
- **孫権は三代を経た江南の支配者で、味方として滅ぼしてはいけない相手**
- **荊州と益州《えきしゅう》は支配者が脆弱で、占領すれば劉備の地盤にできる**

孔明の結論は手薄な荊州と益州を領有し、孫権と結びまず曹操を倒す。曹操を倒したのちは、二強時代を経て孫権を打倒すれば劉備が天下を統一できるというものでした。

この計略の驚くべきところは、逃げ続けてきた弱小軍団に過ぎない劉備の一味が、天下統一を成し遂げる可能性が説かれていることです。事実、赤壁の戦いで勝利したのち、劉備は荊州を領有して勢力を拡大、張飛・趙雲などの武力で益州も手に入れます。

魏の樊城《はんじょう》を攻めた関羽を、孫権が裏切って破らなかったら、魏は首都に危機を感じて遷都したと言われており、天下三分の計は実現性が高い計画だったことがわかります。

●再定義の力——大ヒット商品「ポストイット」は接着力の弱さに着目した

孔明は劉備が天下を獲るために、各国の情勢を再定義してみせたのです。弱小の劉備の前で、二強が激突して魏が勝てば劉備はさらに追い込まれます。しかし苦境の呉と協力して一強の曹操を打倒すれば、恩を売って拠点まで手に入れるチャンスに変わります。

本来はデメリットだったものを、再定義することで千載一遇の機会に変えてしまうことは、ビジネスの世界でも頻繁に起こり、再定義の機転は大きな利益につながります。

再定義によりヒットしたもの

- **失敗作だった接着材の「弱さ」を逆利用した製品のポストイット**
- **「在庫の少なさ」を逆にメリットと考えたトヨタ生産方式**
- **「古民家」を京都風にリフォームした滞在型人気ホテル**
- **携帯が通じない田舎で「喧噪のない静かさ」をウリにする民宿**

劉備の軍団は各地で傭兵をしながらも拠点を持ちませんでしたが、拠点がないことはどの地域でも新たに選ぶことができ、移動できる利点があることも意味します。

孔明が劉備に示したのは、強力な支配者がおらず、しかも豊かな巴蜀《はしょく》の地域でした。さらに、傭兵軍団のトップの戦略を、帝王となる戦略に変えたことも孔明の功績です。

各地で特定の勢力に劉備は加担して戦いましたが、その地の盟主からすれば、戦闘に劉備を利用することだけが目的で、劉備軍団を膨張させる動機も理由もありません。

ところが曹操の南下で、呉が国家存亡の危機に直面した上で、その後に曹操への防波堤として劉備が利用できるなら、呉には劉備を後押しする構造的な動機が生まれます。

ビジネスでも小さな必要性に応えるだけなら「単なる便利屋」で終わります。帝国をつくるには、劉備の勢力が大きくなったように、社会的な追い風を受けなければなりません。

呉の謀臣の魯粛《ろしゅく》は、劉備に荊州を貸し与えて曹操に対抗させ、曹操を退ける策を孫権に提案して許可を受けますが、劉備が本格的に台頭するきっかけとなりました。

これは孔明が、傭兵軍団の戦略を、皇帝にのし上がる戦略に切り替えた効果なのです。

諸葛孔明

三国時代に蜀を建国した劉備の軍師・政治家。劉備を弱小勢力から皇帝にした。天下三分の計が関羽の敗死で崩れると、南征で国力を拡大して、北伐で魏を打倒しようとした。

8

司馬懿【晋の中国統一】

強力なライバルを避けて有利な市場で戦う

なぜ曹操や劉備ではなく、最後は司馬一族が勝ったのか？

三国志の英雄たちが黄昏をむかえたとき、残ったのは曹操でも劉備でもなく、孔明でもなかった。孔明のライバル司馬懿と、その息子・孫が三代で三国を滅ぼし中国を再統一する。司馬懿たちはどんな戦略で乱世を生き抜き、最後に勝者となったのか？

Strategy

迂回戦略

●曹操や劉備が死去、三国を統一したのは英雄たちではなかった

孫権に裏切られて関羽が戦死（二二〇年）、次いで三国の英雄の一人、曹操も同年春に病死。息子の曹丕《そうひ》が献帝《けんてい》（後漢の皇帝）から帝位を奪い、皇帝となることで劉邦から四二二年間続いた漢帝国が終わります。蜀で皇帝となった劉備も二二三年には死去。蜀の丞相だった諸葛孔明も二三四年に死去し、一つの時代が終わりを告げます。

魏では孔明の北伐を防いだ司馬懿《しばい》が権力を掌握。司馬懿の死去後（二五一年）、曹一族を押しのけ司馬一族が栄え、息子の司馬昭《しょう》が蜀を滅ぼし、孫の司馬炎《えん》は二六五年に魏帝を廃して晋を建国、二八〇年には呉を滅ぼして中国を再び統一します。

ちなみに諸葛一族は、蜀の孔明の他に呉に仕えた孔明の兄、諸葛瑾《きん》が知られていますが、実は魏でも諸葛誕《たん》という同族の人物が数々の功績をあげて出世しています。諸葛氏は、三つの国でそれぞれ重鎮と言われるほどの人物を輩出した一族だったのです。

●諸葛孔明と司馬懿、二つの一族の覇権をかけた対決

三国時代の後半から終焉は、孔明の諸葛氏と司馬懿の一族の激突の歴史でもあります。魏呉蜀にいた孔明の血筋の重臣は、司馬氏による三国の滅亡を阻止しようとします。

魏呉蜀で重用された諸葛氏

- **魏＝諸葛誕（司馬懿の二男と戦って敗死）、諸葛静《せい》（父の援軍を依頼に呉に亡命）**
- **蜀＝諸葛亮《りょう》（五丈原で司馬懿と対峙）、亮の子諸葛瞻《せん》・尚《しょう》（蜀滅亡の際に戦死）**
- **呉＝諸葛瑾（亮の兄）、諸葛恪《かく》（呉の武将として魏と対峙、呉内で暗殺される）**

孔明の兄、諸葛瑾の子の恪は頭脳明晰で幼い皇帝の後見人になるほど出世しますが、才能をひけらかし、他者に配慮しない性格でした。二五二年の東興《とうこう》の戦いでは、呉の将軍として魏軍相手に大勝しますが、この成功で敵を甘く見て翌年の作戦に失敗し、呉内のクーデターで殺されています。

孔明の親族の諸葛誕は、魏で大将軍となった人物でしたが、司馬懿の子である昭の権力簒奪を見かねて、二五七年に魏で打倒司馬氏の反乱を起こします。しかし司馬昭に敗れて誕は敗死、子の静は援軍を求めて呉に向かい、父の敗北でそのまま呉に留まります。

魏から呉に亡命した静は、二八〇年に晋（司馬懿の孫、司馬炎の帝国）が呉を侵略した際に、呉の軍師として参戦して敗北（のちに隠棲）。司馬炎と諸葛静は幼なじみであり、諸葛誕の娘は司馬懿の子の妻だったことからも、二つの一族の関係は複雑でした。

蜀の孔明の活躍が、唯一対抗できた偉才の司馬懿に魏で権力を得る機会を与えたともいえますが、最終的に司馬懿が魏を滅ぼし、息子の昭が蜀を、孫の炎が呉を滅ぼします。

孔明亡き後の蜀は、賢明とはいえない劉禅（劉備の息子）が皇帝となりますが、孔明の後任の丞相たちは実務に優れ、内政強化に努めて国を保ちます。

蜀滅亡時の魏軍の進路と蜀の防衛

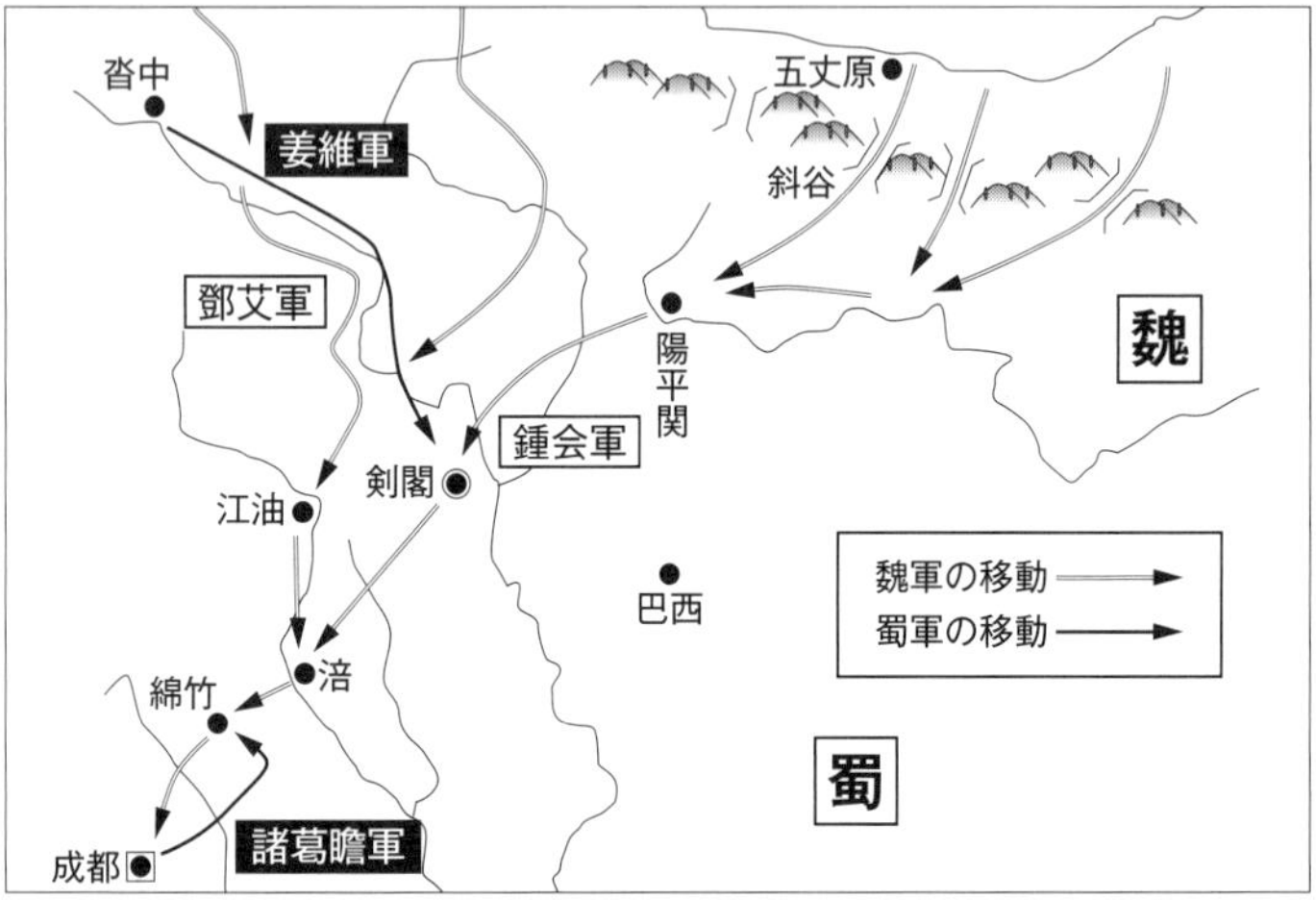

『三国志 下巻 諸葛孔明、中原回復への冀望』参考

ところが、二人目の丞相の費禕《ひい》が暗殺されると、将軍の姜維《きょうい》は魏の打倒をめざし無謀な北伐を開始、いたずらに国力を疲弊させます。

姜維の挑発により、司馬昭は二六三年に蜀攻略を命令。鍾会《しょうかい》と鄧艾《とうがい》の将軍が二路に分かれて進軍。主力の鍾会は漢中を攻略し、蜀の首都・成都へ向かいますが、強固な要塞（剣閣）を守る姜維と蜀の主力に阻まれます。鍾会は一三万の大軍を擁していましたが、天険の関門として有名な剣閣の守りは固く、攻略を諦めかけていました。

ところがもう一人の将軍、鄧艾は剣閣を迂回、断崖や谷を越え山肌を切り開き、なんと剣閣の後ろの江由《こうゆう》という地に進出します。驚愕した蜀の皇帝は、孔明の子・諸葛瞻や張飛の孫の張遵《ちょうじゅん》を派遣しますが戦死。剣閣を守備していた姜維も驚き、撤退しつつ首都防衛に急行しますが、逆に鐘会の猛追撃にあって潰走。これにより蜀の皇帝劉禅は、魏軍に降伏。劉備が皇帝になってから約四〇年、わずか二代で蜀は亡びます。

蜀の姜維は自軍が守るのに最も有利な地点を死守しました。しかし、魏軍は剣閣で戦わず、迂回して違う場所を新たな戦場に仕立て、蜀軍の優位を瓦解させたのです。これにより鄧艾軍は、蜀の抵抗をまったく受けずに進軍して敵をパニックに陥れて勝利します。

●ライバルの占拠するマーケットを避けて進出する戦略

ビジネスにおいても「迂回戦略」は極めて大きな効果を発揮します。競合企業に邪魔されずに、新しい市場をつくる場合に特に意識すべき戦略だといえます。

例えば、アメリカのタイメックスは腕時計業界に進出するとき、高級で知られるスイス製腕時計が並ぶ宝飾品店に出店せず、スーパーマーケットなどの店頭で販売し低価格腕時計の新たな市場を生み出しています。

女性用ストッキングのレッグスは、卵型容器の製品ですが、売り場は食料品店の中にあり、夕食などの食材を買い求める女性に一緒に購入してもらう迂回戦略を取っています。

スイス製時計が圧倒的なシェアを持つ宝飾品店に、タイメックスが売り場を求めたなら、競合する企業が必ず何らかの対抗策を打ち出したはずです。それは蜀の姜維が守る天険の地、剣閣を攻めることに似ています。魏の将軍・鄧艾のように、タイメックスは競合が圧倒的に有利な場所をあえて迂回して販売を始めて成功したのです。

書籍通販大手のアマゾンも、伝統的な店舗を持つ書店からすれば、迂回戦略を実行する企業となります。アマゾンがつくり上げた書籍通販は新しい消費の流れとなり、今では既存の大手書店もほとんどが通販事業も行っていますが、これは裏をかかれた蜀の姜維が、剣閣を捨てて、成都を守るために撤退する姿に似ています（これでは勝てない）。

求人ポータルサイトで「成果報酬型」のビジネスモデルを導入したリブセンスも同様に、既存の大手広告代理店の強い点をあえて迂回した戦略だといえるでしょう。

迂回戦略のポイントには、次の二つがあげられます。

- **相手が支配権を持つ状況に直接攻め込まない**
- **既存の大手が弱い場所で、新しい顧客を生み出して愛されることを狙う**

女性用ストッキングのレッグスも、既存の大手ストッキングのブランド品と比較される

迂回戦略　強力なライバルを避けて最後に勝つ

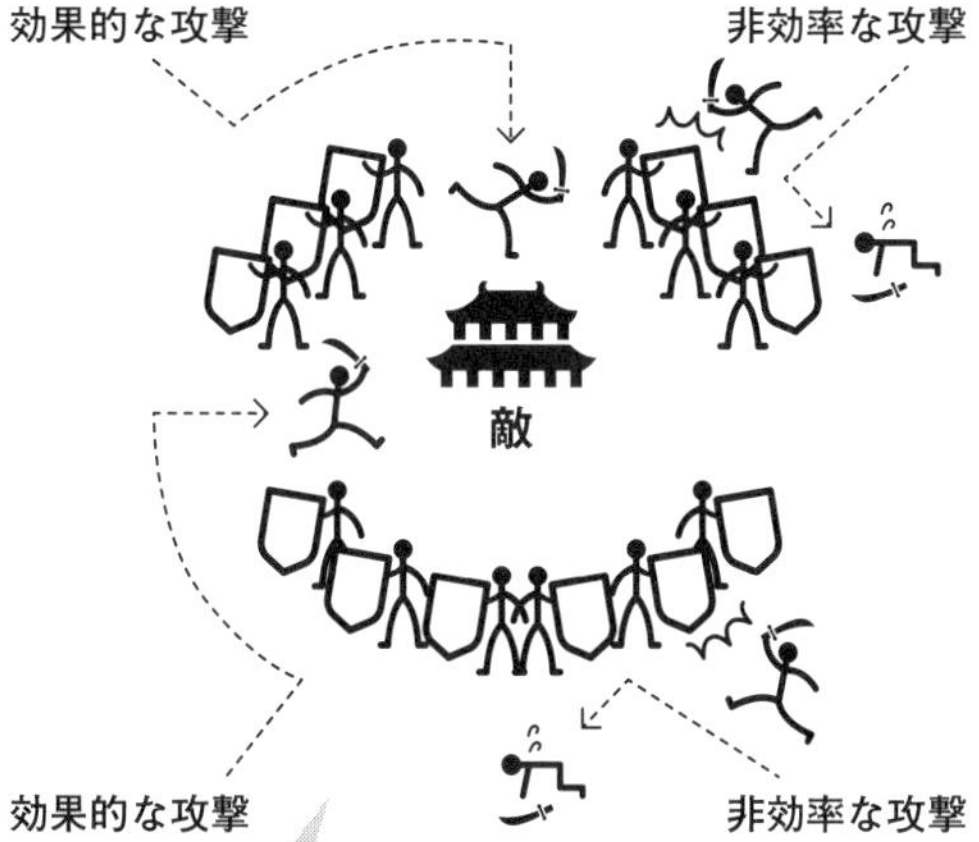

確固たる地位や優位を持つ敵が、保持している強みに突撃することを司馬一族は避け続けた。
敵の強みを迂回した勝負は、疲弊せず勝てる。

▶ 事例①

アメリカのタイメックスは、スイス製高級腕時計が強い宝飾品店舗ではなく、スーパーマーケットなどの売り場で新たな市場を確立した（現存するアメリカ製のほぼ唯一の腕時計メーカーとしても知られる）

▶ 事例②

女性向け衣料・雑貨通販の「ドゥクラッセ」は、ターゲットを40～50歳代に絞り込み、実年齢で輝く生き方をテーマに対象ユーザーのリアルな悩みに応える商品を提案して成功（2007年に創業、14年には年商120億円）

場所で販売したら、既存品に圧倒された可能性が高いはずです。忙しい女性が、食料品の買い物のついでに購入できる状況でこそ、新しい顧客層に愛されたのです。

司馬懿はクーデター実施まで、魏の皇帝と重臣たちが揃って都を離れる一瞬を待ち続けました。敵が支配権を持つ、強い状況に決して挑まず、相手の強さを常に迂回して有利に戦う戦略こそが、孔明の戦略を挫き、司馬一族に三国を滅ぼす力を与えたのです。

司馬懿

魏の曹操に仕えて、蜀の孔明のライバルとなり数度孔明の戦略を挫く。二四九年に魏の洛陽でクーデターを実行し、曹一族の重鎮（曹爽）を抹殺。魏を司馬一族のものにした。

第3章

巨大帝国から「実行力」を学べ

——勝つべくして勝つ無敵の優位性

9

戦う前に勝負を決める

チンギス・ハン【ワールシュタットの戦い】

Strategy

事前攻撃戦略

なぜチンギス・ハンは史上最大の帝国をつくれたのか？

戦闘というと、敵と刃を交えて奮闘することをイメージする。だが、アジアの大平原から出現した無敵のモンゴル軍は、相手が混乱に陥るまで敵と接触しない戦いを常に追求して、短期間に中国からヨーロッパにいたる一大帝国を築き上げた。そこにはどんな戦略があったのか？

●父を殺され、血族を超える戦闘集団を目指す

一一六七年頃に生まれた男児は、モンゴル帝国を創始し、歴史の流れを変える巨大な足跡を残します。テムジンと呼ばれた彼の幼少期は、覇業とは逆に苦難の連続でした。

小部族の族長だった父を対立するタタール族に毒殺され、父の死で部族はテムジン一家を見捨てます。母と六人の子らで狩りをして生き残り、獲物を巡ってテムジンが異母兄弟

を殺したり、他部族に誘拐され、間一髪で脱出したこともありました。

部族同士の確執も大きく、テムジンは幼い頃の親友で別部族の長ジャムカと闘争を続け、亡き父の盟友で叔父とも呼ぶ信頼した人物にさえ裏切られます。

家族、部族、親友さえ決して安易に信頼すべきではないと学んだテムジンは、血族を超える忠誠心を持つ強力な戦士の集団を目指し、偉大な統率者の才能を発揮します。

西方に逃れたジャムカはナイマン族と結び、一二〇四年に決戦を挑みますが、数で劣るテムジンは夜のかがり火を必要な数の一〇〇倍たかせて、兵数を偽装します。

ナイマン連合軍は偽計に騙されて浮き足立ち、ジャムカが恐怖に駆られ逃亡したことで全軍が戦意を喪失、モンゴル軍に散々に打ち破られてナイマン王は戦死します。

この勝利でテムジンは全部族の支配者、チンギス・ハンと称しました。

ナポレオン一世以外、勝てないほどの強さを誇る

「チンギス・ハンの遠征は世界史上、類をみないほど遠大なものだった。これほど広大な領土が一人の男によって征服されたことは、かつてなかった。チンギス・ハンが死んだとき、その版図はアレクサンドロス大王の帝国の四倍、ローマ帝国の二倍になっていた」

（ロバート・マーシャル『図説モンゴル帝国の戦い』より）

二〇世紀のイギリスの軍事史専門家、リデル・ハートは、チンギス・ハンと彼の忠実な部下スブタイの軍事能力に関し、軍事史上、彼らに太刀打ちできるのはナポレオン一世以外にはないとまで評価しています。

チンギス・ハンは一二一一年に中国の金王朝を侵略。当初、守りの固い城塞都市に苦戦しますが、この経験が攻城戦の技術を高め、中央アジアと東欧でモンゴル軍の勝利を生み出します。

一二一九年には、イスラム圏のホラムズ・シャー王朝と開戦。軍勢を三手に分けて進軍し、一年ほどでシャー王朝の各都市を陥落させて事実上の滅亡に追い込みます。さらに進軍を続けたモンゴル軍は、一二二三年にはカルカ河畔でロシア諸侯連合軍と戦闘を行うなどしたのち、一二二五年にようやく帰国します。

一二二六年にチンギス・ハンは、金と反モンゴルの同盟を進めていた西夏討伐の戦争を開始。翌年西夏は降伏しますが、金攻略の戦陣でチンギス・ハンは病死します。

金王朝はチンギス・ハンの三男のオゴタイ・ハンにより一二三四年に滅亡。オゴタイ・

モンゴル軍による東欧諸国の侵略と主な戦い

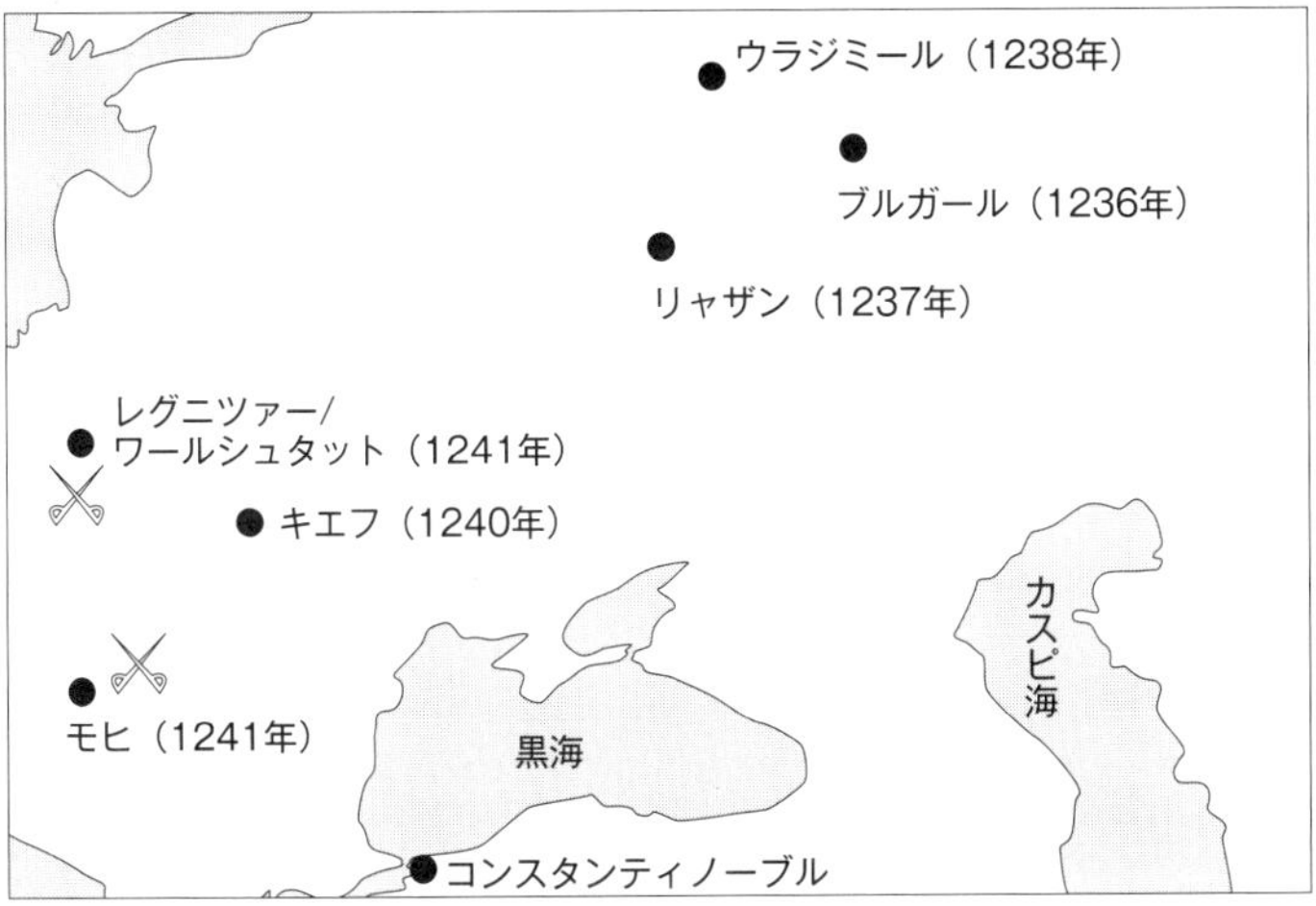

ハンは一二三六年以降、現在のロシア、オーストリア、ハンガリー、ブルガリア地方に侵入し、各地で戦闘と虐殺を繰り広げます。

一二四一年には有名なワールシュタットの戦いが行われ、ポーランド・ドイツを中心とした欧州騎士団の連合軍をモンゴル軍が殲滅、欧州は恐怖のあまり大混乱となります。

この勝利でモンゴルは中央ヨーロッパに進出する機会を窺いますが、同年一二月にオゴタイ・ハンが急死したことで遠征軍は帰国。欧州は蹂躙の悲劇を奇跡的に免れました。

●「戦いの概念」を大きく変えたモンゴル軍の攻撃法

ワールシュタットでは城に立てこもる欧州軍の前で、モンゴル側は弱い軍を戦わせ、負けたと見せて退却します。騙された欧州軍は、騎士団を追撃戦に投入しますが、モンゴル射手が待ち構える地点におびき出されて、雨のような矢を浴びせられます。煙幕がたかれ、後続と分断された騎士団は混乱のなか矢の雨で重傷を負い、そのあとにやって来るモンゴル重装歩兵の徹底殺戮を受けることになりました。

ヤクの角と竹を合わせたモンゴル弓は恐ろしく強力で、兵士一人で六〇本もの矢を持っており、狩猟民族のモンゴル兵は騎馬で連射ができる弓矢の達人ぞろいでした。

イタリアの修道士は、モンゴル軍の戦闘について次の指摘を残しています。

「モンゴル軍は矢を注いで敵の人馬を殺傷し、敵の人馬が減少し切った後初めて肉迫戦闘に入った」（リデル・ハート『世界史の名将たち』より）

モンゴル軍の戦略

・敵軍と距離がある場所から、驚くほどの矢を射込み続ける（攻撃準備砲撃）

・わざと退却するなど、相手が城から出てくるように誘導する
・追いかけてきた敵軍を矢の雨で囲み、傷ついたところを重装歩兵がとどめを刺す

敵兵と斬り合う前に、モンゴル軍は集団で遠方から敵を十分痛めつけていたのです。

また、モンゴルは一〇の家族の集団（十戸）、一〇〇の家族の集団（百戸）、一〇〇〇の家族（千戸）ごとにリーダーを決め、民族全体を軍事制度に組み込んでいたことも大きな違いでした。

この制度は行政と軍事を兼ねており、九五の千戸集団であるモンゴル全体が、いつでも遠征軍に出動し、一糸乱れぬ統率で、素早く戦争を始めることを可能にしました。

購買部ではなく、生産現場に試作機を持ち込み圧勝するキーエンス

現代ビジネスで「飛び道具」（弓矢）といえば、インターネットの普及が第一にあげられます。若い世代は最初に手元のスマホで商品検索をすることで、検索結果の上位表示される企業とそうでない企業は、戦う前から大差がつくことになっています。

しかし「攻撃準備砲撃」はなにも、インターネットの影響力に限りません。

大阪に本社を置くキーエンスは、自動制御機器、計測センサーなどの優良企業ですが、同社の直販営業部隊は、取引先の購買部ではなく、生産現場に足を運んでいます。

キーエンスの製品は工場で使うセンサー類なので、生産現場の困りごとを営業部隊は直接聞き取り、一定の拡販が見込める課題を発見すると、最速で試作機を作成。顧客の生産現場に置いて使ってもらうことで販売を成功させているのです。

「デモ機を置いてきたら、九〇パーセント以上受注が決まる。しかも、無競争です」（名和高司『１００社の成功法則』より）

試作機をつくるには、その課題解決が複数他社に売り込める需要を確認することが条件です。キーエンスはクレポという製造子会社で試作機を素早くつくる体制を整え、生産コストを最小化する方法もクレポで探索して、下請け企業に製造依頼しています。

結果、粗利八〇％という驚異的な数字を誇り、社員の生涯給与は日本国内でも常にトップクラスに位置しています。

本当の必要性を理解している生産現場に矢を射込み続けることで、キーエンスは他社が太刀打ちできない優位性を、売り込みの前段階で確立しています。この差は営業マンの個

事前攻撃戦略 戦う前に勝負を決める

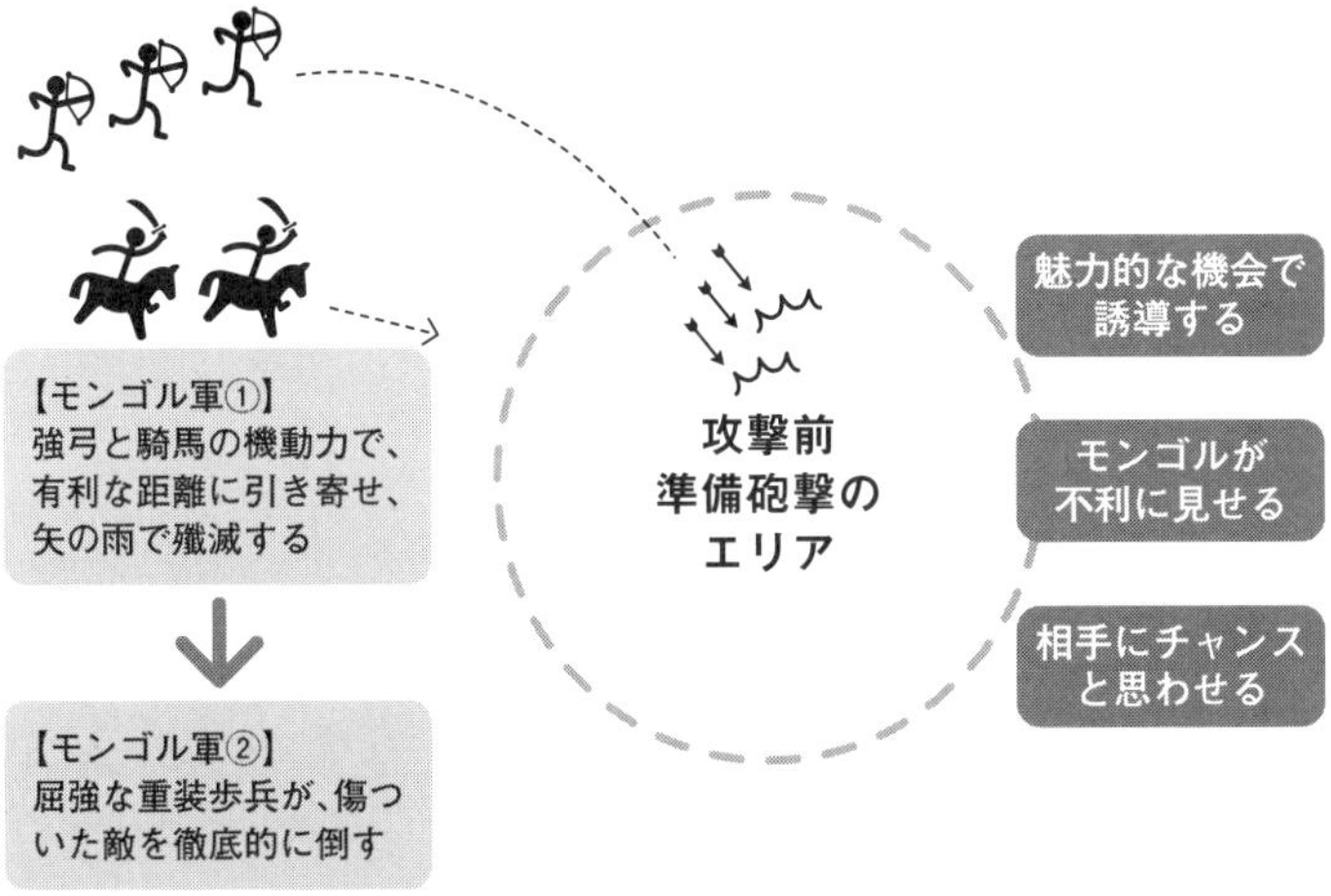

▶ 誘導で効果的に引き込む企業事例

①見込み客の生産現場に直接デモ機を置いていくキーエンス
②無料お試しセットから見込み客との接点を持つ化粧品のドモホルンリンクル
③無料試食フェアを開催する結婚式場、セミナー・講演会などからの販促

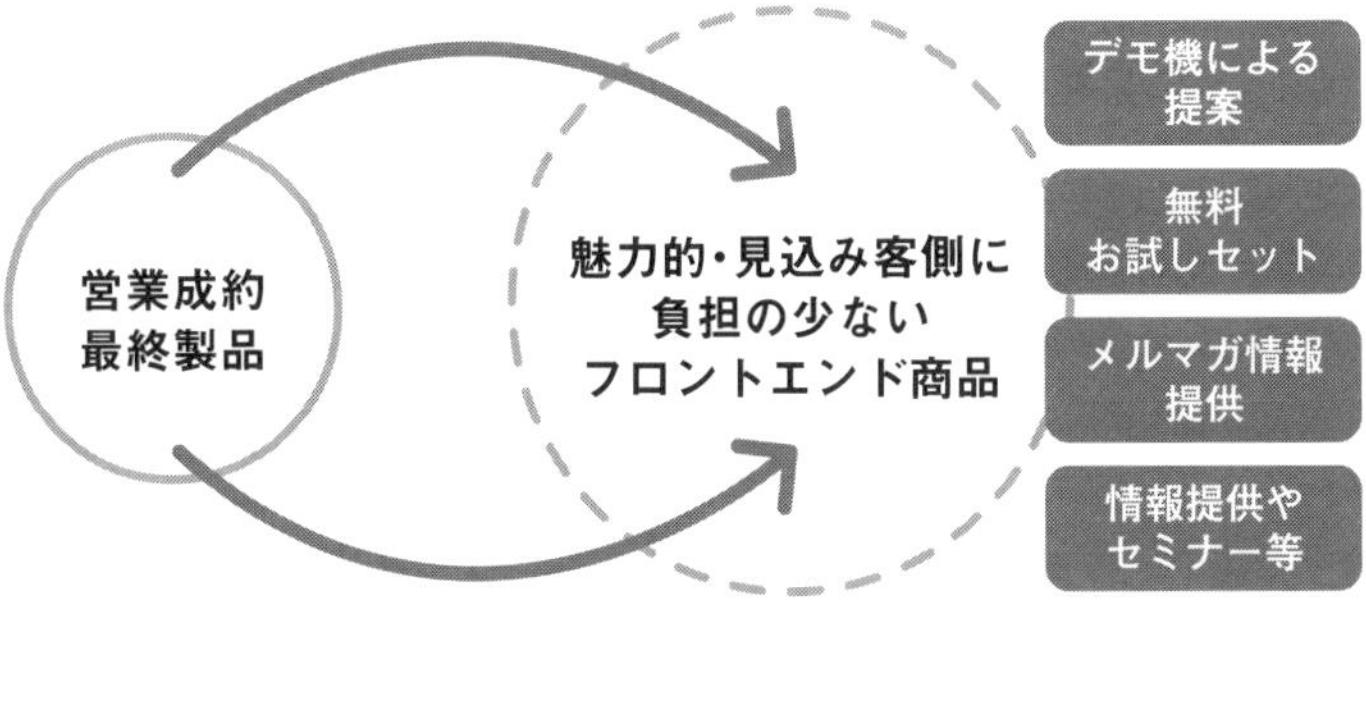

人スキルでは対抗できず、集団の戦い方から生まれる優位性であり、中国王朝や西欧の騎士団に圧勝したモンゴル軍の戦闘スタイルと重なります。

チンギス・ハンの軍団は騎馬民族特有の「疾風のような行軍速度」にも強みがあり、顧客への試作機を最短でつくるキーエンスの即応力とも共通点があるといえるでしょう。

チンギス・ハン

モンゴル帝国の創始者。モンゴルに文字を導入し、戦闘方法を洗練させて世界史上、最大の帝国をつくる。幾多の征服戦争の結果、東西文化と情報を交流させて世界を変えた。

10

北条時宗【元寇】
勝てる領域を選んで戦えば負けない

なぜ、モンゴルの大軍に奇跡的に勝利できたのか？

モンゴルの草原から雄飛して、欧州から中国大陸に広がる巨大帝国をつくったチンギス・ハン。五代目皇帝フビライが日本侵略を計画して二回の元寇が始まる。欧州の騎士、中国の大陸軍、イスラムの戦士を苦しめた元軍と、日本の武士はどう戦ったのか？

Strategy
市場差別化戦略

●モンゴル帝国のフビライ・ハン、日本に大軍団を派遣する

一一九九年、鎌倉幕府を開いた源頼朝が死去。二代目将軍を頼家が継ぐも、有力な家臣の梶原景時《かげとき》や比企《ひき》一族などを北条氏が打倒。若い将軍の頼家は修善寺に幽閉され、三代目将軍の実朝を北条時政が擁立して実権を握ります。

ところが、娘の北条政子と弟の義時によって時政は幽閉され、義時が執権となります。

その後、北条政権が確実に土台を固める中で、一二五一年に北条時宗が生まれます。彼はわずか一四歳で執権の連署（同格者）となるほど早熟かつ優れた人物でした。

海の向こう中国大陸では、モンゴル帝国の五代皇帝フビライ・ハンが一二六〇年に即位。一二六八年には高麗の使者がモンゴルの国書を持って日本を訪れますが、末尾に「兵を用うるに至りてはそれたれか好むところならん」（村井章介『北条時宗と蒙古襲来』より）と脅しが書かれており、日本を従属させる意図と判断。執権の北条政村と時宗は返書を拒否します。

フビライは極東の小さな島国が、まさか大モンゴル帝国の要求を断るとは思わず、その後も数回の使者を日本に派遣。しかし日本の対応は変わらず、ついに大軍団が派遣されます。

なぜ、武士はモンゴル軍に歯が立たなかったのか

モンゴルの国書が届いて数か月で時宗が執権となります。一方、数度の使者派遣で業を煮やしたフビライは、征服した高麗で遠征軍を組織して、最初の元寇を行います。

①文永の役（一二七四年）
②弘安の役（一二八一年）

文永の役では九〇〇艘の船に二万六〇〇〇人の兵士を乗せて来襲。一〇月五日、対馬《つしま》に到着します。対馬を防衛していた武士八〇騎は上陸部隊数千人と交戦、わずか数時間程度で殲滅され島民も虐殺されます。続く壱岐島《いきのしま》でも、籠城した日本側は短時間で全滅。

一〇月二〇日には博多湾に一部が上陸、元軍の上陸拠点に日本の武士は戦闘を挑みますが、集団戦法に圧倒され、火薬の武器や強弓などに驚愕します。

「やあやあ、われこそは」と名乗り上げて一騎駆けする日本の武士の戦闘法は、集団で毒矢の雨を降らせて火薬まで使うモンゴル軍に効果が薄いながら、必死に勇戦して上陸地点の拡大を許さず、二〇日は夕暮れで戦いが終わり、元軍は岸を離れ船団に戻ります。

暴風雨の夜が明け、日が昇るとほとんどの船団は消え失せており、これを日本側は「神風が吹いた」と考えて残りの船団を殲滅、奇跡に感謝したとされています。

ただし文永の役は「示威戦闘」の可能性も指摘されています。元軍の主な武将は戦闘後にフビライに報告のため謁見し、戦いの四か月後に元の国書が再び届いたからです。

時宗はモンゴルの使者を斬首して、その決意を武士に再認識させ防衛に集中します。

●前回の悲惨な戦闘から学び、勝利につなげた弘安の役

フビライは一二七九年に南宋を征服、弘安の役では高麗から四万、南宋から一〇万という桁違いの大軍で日本攻略を狙います。両軍は壱岐で合流するところ、高麗からの四万が先に到着し対馬・壱岐を占領、南宋側の軍を待たずに博多攻略を開始します。ところが、前回と今回は日本軍の戦い方は一変しており、元軍は思わぬ苦戦をします。日本の武士たちは、次のような新たな戦闘法を身につけていました。

- **博多湾の海岸線沿いに、高さ二メートルの防塁を二〇キロ築いた**
- **元軍を極力上陸させず、陸戦では距離を取り白兵戦を誘った**
- **元軍を海上に押し留めて、毎夜に小舟で夜襲白兵戦を仕掛けて火を放った**

博多湾に入った元軍は、防塁を見て沿岸を諦め、岬の先端にある志賀島《しかのしま》に上陸しますが、海上船への日本軍の夜襲、岬に沿って来る日本の攻撃に苦戦して志賀島を放棄し海上に避難します。その後、壱岐島にも日本軍は攻撃を仕掛けて、元軍を撤退させ、海上で南宋の一〇万と合流した元軍に、再び夜襲をくり返します。

七月三〇日、運命の日が訪れます。北九州を襲った台風で元軍の船は多くが沈没するか破損、特に急遽建造された南宋の船はもろく、多数の兵が船と共に沈みました。

敵の得意な領域で勝負しない製品市場戦略を取る

日本側は、まるで歯が立たなかった文永の役から学び、元軍に地上で集団戦をさせないよう、小舟で夜半に静かに近づき、敵船に乗り込んで白兵戦で火を放ちます。モンゴルは本来船で戦闘する民族ではなかったので、この攻撃は常に効果的でした。

元マッキンゼーのコンサルタントである大前研一氏は、若き頃の著作で製品市場戦略（ＰＭＳ）を提唱しています。業界における重要な指標（ＫＦＳ）から、自社がどれほど近いか離れているかで、市場攻略の方法を変化させる発想法です。

①市場分析から成功の鍵（Key Factor of Success）を抽出
②自社の現在の実力とＫＦＳの隔たりから方針を判断する

わかりやすい事例として、ソフトバンクが携帯市場に参入したときの判断があります。

当時、大手携帯会社は通話音質とエリアで絶対的な優位性を持っていました。そのため、ソフトバンクは通話音質とエリアを訴求せず、若者をターゲットに価格訴求でユーザーを獲得。この成功をもとに音質とエリアを順次拡大していったのです。

カジュアル衣料のユニクロも、同じSPA（製造小売業）のファッションブランドであるGAP、ZARA、H&Mなどと比較して、ファッションセンスの良さという領域に、意図的に踏み込んでいません。現在ユニクロは、ライフ・ウェア（Life Wear）――最も心地よく毎日を過ごせる服という新しいコンセプトを打ち出しています。

移り変わりの速いファッションとして研ぎ澄ますのではなく、着心地の良さや機能性と手頃な価格を両立させて、より多くの消費者に購入されることを狙っています。相手の最も得意な領域で勝負せず、敵の領域から離れて競う戦略を選んだのです。

一方、モンゴル軍は海上でも得意な陸戦と同じ方法で戦えるようにすべきでした。例えば夜は船団の前にかがり火を焚き、距離を置いて日本軍を発見し攻撃するなどです。

大手携帯会社は、ソフトバンクが低価格戦略を取ったとき、同じ価格に大胆に下げて、若者にも通話音質の良さ、通話エリアの広さの魅力を実感させるべきだったのです。

北条時宗

鎌倉幕府の執権。北条氏が権力を握る中で、最大の危機だった元寇への対処を行う。情報収集、目的の統一、意欲喚起、防塁の構築など、日本の武士の総力で防衛態勢を準備した。

11

朱元璋【明王朝の中国統一】

小さな組織が大きな挑戦を可能にする

朱元璋はなぜ、二四人の幹部だけで南方地域を目指したのか？

モンゴル帝国はその後、後継者争いが続き国力を疲弊させた。飢餓に困窮する民衆の反乱が続発する中で、群盗集団とは別の道を進んだ朱元璋は、貧しい農民の出身ながら、ついに天下を統一して漢民族の王朝を復活させる。この歴史上の偉業はどのように成し遂げられたのか？

Strategy

機会探索戦略

●モンゴル帝国のたそがれ

一一六二年に生まれたチンギス・ハンは欧州・中央アジア・中国を震撼させ、巨大なモンゴル帝国をつくりました。一二七一年に五代目のフビライが国号を元と改めますが、モンゴル人王朝は皇帝が死去するたびに後継者争いが続き、国力を次第に疲弊させます。

元王朝最後の皇帝トゴン・テムルは一三三三年に即位するも、重臣に権力を奪われて宮廷内は激しい内紛が起こり、大規模な飢饉が発生して流民が数十万単位で発生。人々は飢え、社会は混乱を極めます。

貴族は寺院建立などに熱中して財政も破綻、インフレと共に汚職が蔓延。抑圧されていた漢民族は一三三七年頃から民衆反乱を始め、一三五一年には赤い頭巾を巻いた軍団による「紅巾《こうきん》の乱」が勃発します。

困苦を極めていた民衆は、紅巾軍の蜂起に続々と集まり大軍となります。安徽《あんき》省でも一三五二年に反乱勢力が立ち上がりますが、そこに一兵卒として参加して、やがて頭角を現したのが明帝国の創始者の朱元璋《しゅげんしょう》でした。

なぜ、朱元璋は貧農から天下人になれたのか

朱元璋は一三二八年に生まれますが、両親は貧農で食べるために土地を転々とした下層の家族でした。彼が一七歳（一三四四年）のとき、干ばつによる飢えと疫病の流行で両親と兄が死去、飢えに苦しむ一家は食べるために離散します。朱元璋は寺院の修行僧として、食べていくために托鉢僧となって各地を歩きます。

流浪の三年ののち、寺に戻るも元軍に焼き討ちされたため、朱元璋はやむなく地域の紅

巾軍に参加。勇敢だったため、すぐに軍内でも出世の階段を登ります。

しかし、首領の郭子興《かくしこう》以下、地域の紅巾軍は戦闘で元軍を破っても、盗賊のように蹂躙して略奪を働くだけで、将来への発想がないことに朱元璋は失望。大半の兵士を他の武将に預け、二四人の腹心と少数の兵士で占領勢力のない江南の地を目指して南下します。

当時、戦乱から身を守るため民兵組織が各地にありましたが、朱元璋は江南の民兵組織を吸収しながら膨れ上がり、地方の地主が「金陵（南京）を根拠地として略奪を止め、秩序の統括者となれば天下を平定できます」という献策を受け入れて、過去の軍とは真逆に戦闘のあとの略奪を禁止して、むやみに人を殺さず民衆からの支持を集めます。

この時期、中国大陸の中央部では紅巾の乱で台頭した大宋国という集団が元の正規軍と衝突しており、南方へ向かった朱元璋は正規軍の手薄さにも助けられて金陵も征服。

朱元璋は各地の知識人を尊重して、彼らの知恵を活用して略奪による食糧の調達を廃止します。また、農業改革と商行為への課税で軍団を維持したため、彼の支配地域では民衆が安心して農耕し、商人が活発に行きかうようになります。

やがて次のような四つの段階を経て、朱元璋は漢民族の新帝国の創始者となります。

①極貧から紅巾軍に参加、武勇で部隊の指揮官となる

②江南に新天地を求めて腹心の二四人らと南下、一大勢力となる
③根拠地を固めたのち、各地の群雄と対決し撃破を続ける
④一三六八年、南京で即位し国号を大明へ。元への北伐に勝利し天下統一

知識人の李善長《りぜんちょう》から、平民から皇帝になった「漢の創始者、劉邦を真似ること」の重要性を指摘された彼は、劉邦の行動を意識して学びながら覇業を成し遂げます。

朱元璋に関する翻訳著作のある堺屋太一氏は、彼を「信長・秀吉・家康を併せ持つ人物」と評価しています。貧農から波乱万丈の生涯によって天下を統一したからです。

「明の太宗は、一人で聖賢と豪傑と盗賊の性格を兼ね備えていた」（堺屋太一『超巨人・明の太祖朱元璋』より）

朱元璋は有能な人物を「先生」と呼び耳を傾けました。知識層や地主の意見をとり入れ、自軍を盗賊から治安維持と民族復権の求心力に脱皮させたのです。

南部の二大群雄の一つ、陳友諒《ちんゆうりょう》を艦隊戦で殲滅し、もう一つの勢力の張士誠《ちょうしせい》は根拠地を包囲して持久戦ののち撃破します。

元では打倒朱元璋の南征軍が計画されましたが、内紛のため実行できず、朱元璋の北伐のときも二つの勢力で内戦をしていました。皇帝は北へ逃走し元帝国は消滅します。

●古い目標から離れて新たな未来を実現する

組織は通常、過去から続く目標を手離すことがなかなかできません。時代の変化に矛盾し始めても、大きくなった組織を維持するために、少なくとも今の時点で機能している目標を追いかけることから抜け出せないからです。

朱元璋が最初に属した紅巾軍も、盗賊のような反乱集団では民衆から信頼されないことは理解していたかもしれません。しかし膨れ上がった軍団は今日も食べさせなければならず、一日の糧を得るために盗賊行為や民衆からの略奪を止められなかったのです。

地方勢力はやがて組織内での縄張り争いや権力闘争を続けて、自滅していきます。

貧農から身をおこした朱元璋は、この点に気づき少数の仲間で新天地を求めたのです。

ビジネスでも、巨大組織は事業計画の中に「小さなマーケットの攻略」を組み込むことができません。仮にその事業に成功しても、全組織が食べていけないからです。

そのため、後発のベンチャー企業が攻略した小さなマーケットが、時代の変化で主流の市場に大きく成長するとき、歴史ある巨大企業をベンチャーが打倒する逆転が起こります。この仕組みを解明したのが世界的に著名なクレイトン・クリステンセン教授です。

同氏は、このジレンマを打破するため「小さな組織での挑戦」を奨励しています。

イノベーションのジレンマを打破する原則

①破壊的技術の商品化は、それを必要とする顧客を持つ組織に担当させる
②小さな機会や小さな勝利にも前向きになれる小さな組織に任せる
③試行錯誤を前提として、失敗は早い段階でわずかな犠牲にとどめる計画を立てる
④主流組織のプロセスや価値基準を利用しないように注意する
⑤これまでと違う特徴が評価される新しい市場を見つけるか開拓する

※『イノベーションのジレンマ』より筆者要約

②の小さな勝利にも前向きになれる小さな組織は、まさに朱元璋が二四人の仲間と少数の兵士で強敵のいない江南を目指したことに似ています。彼らは小組織ゆえに、新しい理念と行動規範、これまでにない目標に向けて一致団結することができたのです。

近年、大企業でも社内ベンチャー制度や事業計画のコンペを行うことが増えてきましたが、いずれも大企業の規模では目を向けられない小さなチャンスを見つけて取り組むことが、一つの目標となっています。全社計画として推進できない未開拓市場への挑戦を、小さな社内組織をつくって実現するためです。

検索エンジン大手のグーグルは、二〇一五年八月にAlphabetという新会社の傘下となりました。創業者のラリー・ペイジ氏らが持株会社としてAlphabetを立ち上げ、従来グーグル内にあった複数の企業を、グーグルではなくAlphabet傘下の企業としたのです。目的は投資、先端技術、ドローン物流、健康・医療などの新分野でよりイノベーションを加速させるためと言われています。先端企業の代名詞グーグルでさえ、大手企業化することで、その殻から外に出るほうが、より挑戦的になれると判断されたのでしょう。

大企業からスピンアウトしてベンチャー企業を立ち上げ、成長が期待されるニッチマーケットを獲得することで、やがて上場する例は世界中で増えています。

今日を生きるための活動に未来の繁栄が見えないとき、朱元璋のように身を軽くして新たな目標に飛び込む人が、時代の変化で大きなチャンスをつかんでいくのです。

朱元璋

貧農から紅巾軍に参加、優秀な指揮官となり、やがて小部隊で江南を目指す。知識人を取り込んで、治安と商農を両立させ大勢力となり、明王朝を建てて元帝国を滅ぼした。

第4章

戦国時代から「競争戦略」を学べ

——したたかに勝つライバルとの戦い方

12

ナンバーワンになるには、まず弱者を攻撃する

源頼朝【源平合戦】

栄華を誇った平家を、源頼朝が打倒できた理由とは？

朝廷に近づいた平家は、平清盛を筆頭に都で華々しい地位を得るが、やがて来襲した源氏の軍勢に太刀打ちできず、総崩れとなる。そして、ついに壇ノ浦で平家は滅亡することに——。「平家にあらずんば人にあらず」とまで言われた平家は、なぜ源氏に負けたのか？

Strategy

ランチェスター戦略

●一一〇〇年代に、日本を二分した平家と源氏の戦い

「祇園精舎の鐘の声、諸行無常の響きあり。娑羅双樹の花の色、盛者必衰のことはりをあらはす。奢れる人も久しからず、唯春の夜の夢のごとし。たけき者もつひには滅びぬ、偏に風の前の塵に同じ」（河合敦『平清盛と平家四代』より）

多くの日本人が知る、平家物語の冒頭の一節です。世間で勢いがあり盛んな者も、必ず衰える無常のことわりを伝えています。現代から九〇〇年前、わが世の春を謳歌していた平家一族は、一度は都から追いやった源氏に敗れて滅亡します。

平清盛の父、忠盛は白河上皇に近づき武士としてはじめての殿上人となった人物です。殿上人とは、天皇の日常生活の場「清涼殿」に上がることを許された者を指します。

もともと平家と源氏は敵対していたわけではなく、白河上皇が院政を敷いたときに、自らの権力の土台として武士を利用したことから因縁が始まります。頼朝の曽祖父である義《よし》親《ちか》は、白河上皇の命令を受けた正盛（清盛の祖父）に討たれているからです。

一一五六年の保元の乱でも、配下の平家と源氏は激しく衝突することになります。

平清盛を頂点に、朝廷で栄華を極めた平家

三年後の平治の乱で、源義親と藤原信頼は二条天皇を幽閉して院政を敷くクーデターを起こしますが、天皇は脱出して清盛のいる六波羅《ろくはら》に辿り着きます。朝敵となった義親と信頼は討たれ、父と従軍したわずか一三歳の頼朝も平家に捕らわれ死罪となるところ、幼少であったことで伊豆へ流刑となりました。

伊豆で頼朝は二〇年近くの歳月を過ごしますが、地方豪族の北条時政の娘（政子）と恋におち、やがて夫婦となることで、北条氏の後ろ盾を得て台頭します。

一一八〇年に、平家の栄華の陰で不遇だった以仁王《もちひとおう》が、平家討伐の指令を全国の源氏に伝えました。同年に頼朝、木曽義仲が挙兵。一一八一年には、平家の繁栄を支えた清盛が病死します。

しかし、京に入った義仲が暴政をふるったため、頼朝は弟である源義経に義仲を討たせます。義経は一ノ谷の戦いで敵陣の背後の谷から攻める「鵯越《ひよどりごえ》」を成功させて平家は海に逃れ、香川県の屋島、下関の壇ノ浦の戦いでも義経は連勝して平家を滅亡させます。

義経は奇襲の達人であり、屋島の戦いでも暴風雨を衝いて上陸し、各所に火を放って大軍だと思わせた上で、敵陣の後ろから突入して平家を大混乱に陥れました。

●頼朝の運命を分けた二つの選択肢

頼朝の挙兵は、実は敗北から始まります。伊豆で平家配下の山木兼隆を奇襲して殺しますが、事件を知った平家は関東の武士三〇〇〇人を集めて頼朝を包囲。三〇〇人の頼朝側は、あっという間に敗北、頼朝と敗残兵は房総半島まで逃れます。

房総半島には、味方だった三浦一族の縁者があり、関東平野には亡父の義朝とつながる源氏ゆかりの者も多く、千葉、次は関東平野へと段階的に支配力を拡大。先の敗戦から一か月ほどで、関東の豪族を束ねて数万の兵力となり、鎌倉入りを果たします。

のちに、富士川の戦い（一一八〇年）で平維盛《これもり》を破った頼朝側は、二択を迫られます。

・敗走する平家の軍を追撃して京都に向かうか

・関東に再び戻り、帰順していない勢力を討伐するか

頼朝は京都に進まず地固めをします。佐竹氏など、頼朝に帰順せず未だ平家の影響下にあった関東の豪族を滅ぼして、地域の絶対的地位を確立します。頼朝は、小さくとも自らが一番となれるエリアに向かい、段階的に勢力範囲を拡大していったのです。

一方の京都では、貴族の公家や朝廷（天皇・上皇）、僧兵を持つ寺院勢力など、さまざまな勢力が拮抗する中で、平家は権力の均衡を維持できない状態になっていました。

一一八〇年には六月に福原遷都が失敗。年末に興福寺の反乱を鎮圧した平重衡《しげひら》が火を放って東大寺などを焼き払い、清盛が注意深く友好関係を築いてきた寺院勢力を激怒させ、支配力を低下させます。

翌年には清盛が病死（享年六四歳）。優れた判断力で平家を繁栄させた清盛の死後、残された平家一族は権力維持の方法がわかりませんでした。

清盛が死去した一一八一年は飢饉でしたが、頼朝は後白河法皇と比叡山に密書を送り、比叡山には関東からの年貢（食糧）を約束し、後白河法皇には源氏は謀反の心はなく、法皇のため平家を排除し、再び朝廷の傘下に入りたいのだと伝えます。

頼朝は巧みに、京都の三勢力が一致団結して源氏に当たることを防いだのです。

老獪な後白河法皇は、のちに平家なきあと源氏の二人（頼朝と義経）を争わせ、自らの権勢維持を狙いますが、頼朝は毅然として義経を討伐して分裂の隙を与えませんでした。

一五年間で売上高七倍の霧島酒造は、なぜ中規模都市から攻略したか

麦焼酎「いいちこ」で有名な三和酒類を抜いて、二〇一二年に焼酎業界で売上高第一位となった霧島酒造は、市場として博多を攻略したあと、同規模の広島と仙台をターゲットにし、首都圏や関西などの大消費地を後回しにして全国展開しました。

大都市は強力なライバルが多い上に、販売管理費がかかるというリスクがあったからです（一九九八年の売上高は約八二億円、二〇一四年には約五六六億円と七倍へ拡大）。

「最初にたたくべき攻撃目標というのは、俗に言う『足下の敵』である。射程距離圏内にくっついている足下の敵というのがまず攻撃目標としては優先する。つまり、二位は三位をたたかなければだめだということになろう」（田岡信夫『ランチェスター販売戦略１戦略入門』より）

強力なライバルがいる場所から戦いを始めると、永久に一位になれません。初期の頼朝が、一〇倍の平家勢力が支配する伊豆で戦うことに固執したら滅亡していたでしょう。妻の政子を置いて房総半島に渡った頼朝は、自らが一位の影響力を発揮できる場所にあえて向かい、源氏勢力を巻き込み優位を確保してから反攻したのです。

富士川の戦いに勝ったあと、頼朝が京都を目指した場合、平家に勝っても後白河法皇など朝廷の傘下に留まる地位となったはずです。京都で彼は突出した一強ではないからです。

頼朝は平家打倒の戦争でも一貫して鎌倉を離れず、勝利後は全国に武士の管理者（守護・地頭）を置いて影響力を高めて、武家による鎌倉幕府を開きます。

先の『ランチェスター販売戦略1　戦略入門』は、「競争目標」と「攻撃目標」を分けるべきだと述べていますが、要は一位の会社を目指しながらも、攻撃するのは自社よりも下位の弱者であるべきということです。

平家亡き後、京都の朝廷権力だった後白河法皇は、源氏勢力を分断するため義経らと結びますが、法皇は結局、頼朝の勢力には対抗できないと判断して、頼朝側に近づき義経を裏切ります。京都では、すでに頼朝側を支持する勢力が多数で、義経は兵略に優れながらも人望がなかったからです。

後白河法皇と義経が本気で頼朝に対抗するならば、頼朝の支持者が少ない瀬戸内海か九州に共に移動してから挙兵、膨張すべきでした。彼らが京都で反旗を翻したことは、強力なナンバーワン企業がいるエリアに、弱小企業がいきなり挑むことに似ていたのです。

源頼朝

鎌倉幕府を一一九二年に開く。一三歳で伊豆へ流刑、のちに北条政子と結婚して関東で源氏勢力を拡大する。平家滅亡後は、弟の義経を排除し自らの地位を確立した。

13

織田信長【元亀争乱の戦い】

組織の飛躍は計画的な変化から生まれる

Strategy

事業ドメイン移行戦略

なぜ織田信長は、何度も根拠地の城を移動させたのか？

尾張の地で若くして台頭した織田信長は、足利義昭の依頼をチャンスとみて京都に上洛。中央権力とつながり天下を狙った。京都では新興勢力だった信長は大名の反発を受け、三次もの大包囲網が敷かれる――。絶体絶命の危機に、信長はどう戦ったのか？

信長を悩ます三度の大包囲網

源頼朝の鎌倉幕府は、義父の北条時政が権力を狙い、三代目の源実朝以後は北条氏が実権を掌握。一二七四年、一二八一年の元寇は北条時宗がトップとして対処。一三三三年、後醍醐天皇と足利尊氏、新田義貞らにより攻められ鎌倉幕府は滅亡します。

一三三八年に足利尊氏が征夷大将軍となり、室町幕府が始まりますが、一三代目の足利義輝の時代に将軍は有力者の傀儡《かいらい》となっており、義輝は暗殺され、弟の義昭は流浪。義昭は各地の有力武将に手紙で自らを将軍として上洛（京都入り）してほしいと依頼します。この依頼を活用して義昭と上洛したのが戦国の風雲児、織田信長です。

尾張（愛知県）に生まれた信長は、一五五一年に父が死去し、一八歳で家督を相続。世間では「大うつけ」と評判で、これで織田家も終わりと思う家臣が多いなか、同年の赤塚の戦い、萱津の戦いなどで見事な采配指揮を見せ、その後尾張の統一を進めます。

一五六〇年には桶狭間の戦いで、強大な勢力を誇った今川義元に勝利。そのとき、信長は二七歳。二年後には三河の徳川家康と同盟を結び、現在の岐阜県、三重県にまで勢力を拡大。一五六八年に足利義昭と京都入りし、義昭は一五代の室町幕府将軍となります。

新興勢力として将軍を囲い込んだ信長は、京都で周辺勢力と激しく衝突していきます。

①第一次包囲網（一五七〇年）越前の朝倉氏、大坂の本願寺、四国・紀伊半島勢力
②第二次包囲網（一五七一～七三年）武田信玄、朝倉、浅井、三好、足利義昭など
③第三次包囲網（一五七六～八三年）武田氏、毛利、上杉謙信、本願寺、紀伊半島勢力

信長は室町将軍（義昭）の権威を使って大名たちに京都に来るように命じ、それを拒否した朝倉などを討伐します。しかし大坂の本願寺の反抗などで苦戦を強いられます。第二次、第三次では武田信玄、上杉謙信など東国のいくさ上手が京都を目指すも、両者は病死。第三次包囲網では毛利、武田、上杉などを信長軍が押し返すも、一五八二年に本能寺で明智光秀の謀反により信長が自害して、第三次包囲網は消滅します。

弟が討死した第一次、武田信玄が京都を目指した第二次包囲網

信長は三度の包囲網の打破に生涯を賭けましたが、順調には勝ち進めませんでした。弟の信治が琵琶湖近くの戦闘で戦死、伊勢の一向一揆の攻撃で別の弟、信興《のぶおき》も戦死。第二次包囲網では、過去安定した関係だった武田信玄が、突如裏切り京都を目指し、三方が原で徳川家康を破ります（直後に信玄は病死）。

極めて苦しい戦いを続けた信長は、いくつかの対抗策を編み出していきます。

①自身の根拠地を那古野城→清洲城→小牧山上→岐阜城→安土城と変える
②同時並行で集中戦闘できる「方面軍」を組織して各地の戦闘を担当させる
③進撃速度の速さ、撤退の速さ（岐阜城から京都まで一日で一騎駆けなど）

織田信長の勢力範囲と方面軍の配置

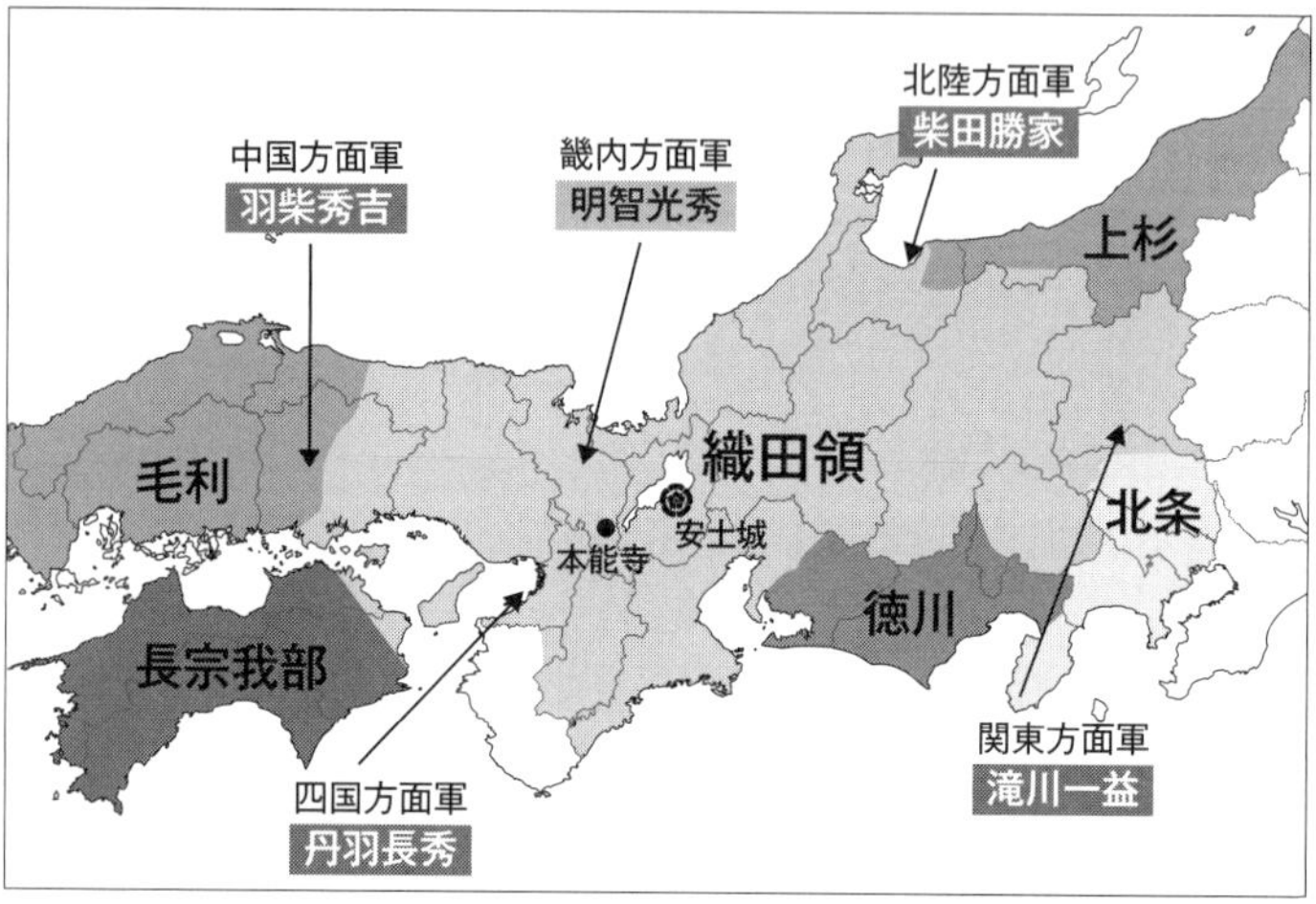

④兵農分離を目指し戦闘集団をつくり、根拠地移動で家臣の土着性を失わせる

当時の武将は、不変の根拠地を持っており、戦闘が終わると必ずその地に戻りました。そのため京都から遠い武田氏、上杉氏などは勢力があっても上洛が難しかったのです。

信長は領地拡大に合わせて根拠地を西に移動させ続けて、家臣団も城下町に住んだので、自身の根拠地がそのまま西へ移動するような形となりました。

「方面軍」は、北陸・関東・大坂・畿北・四国・中国・東海道などに分かれ、中国方面は羽柴秀吉が、東海道は同盟していた徳川家康が担当していました。これはビジネ

事業ドメイン移行戦略　展開領域を柔軟に変えて勝つ

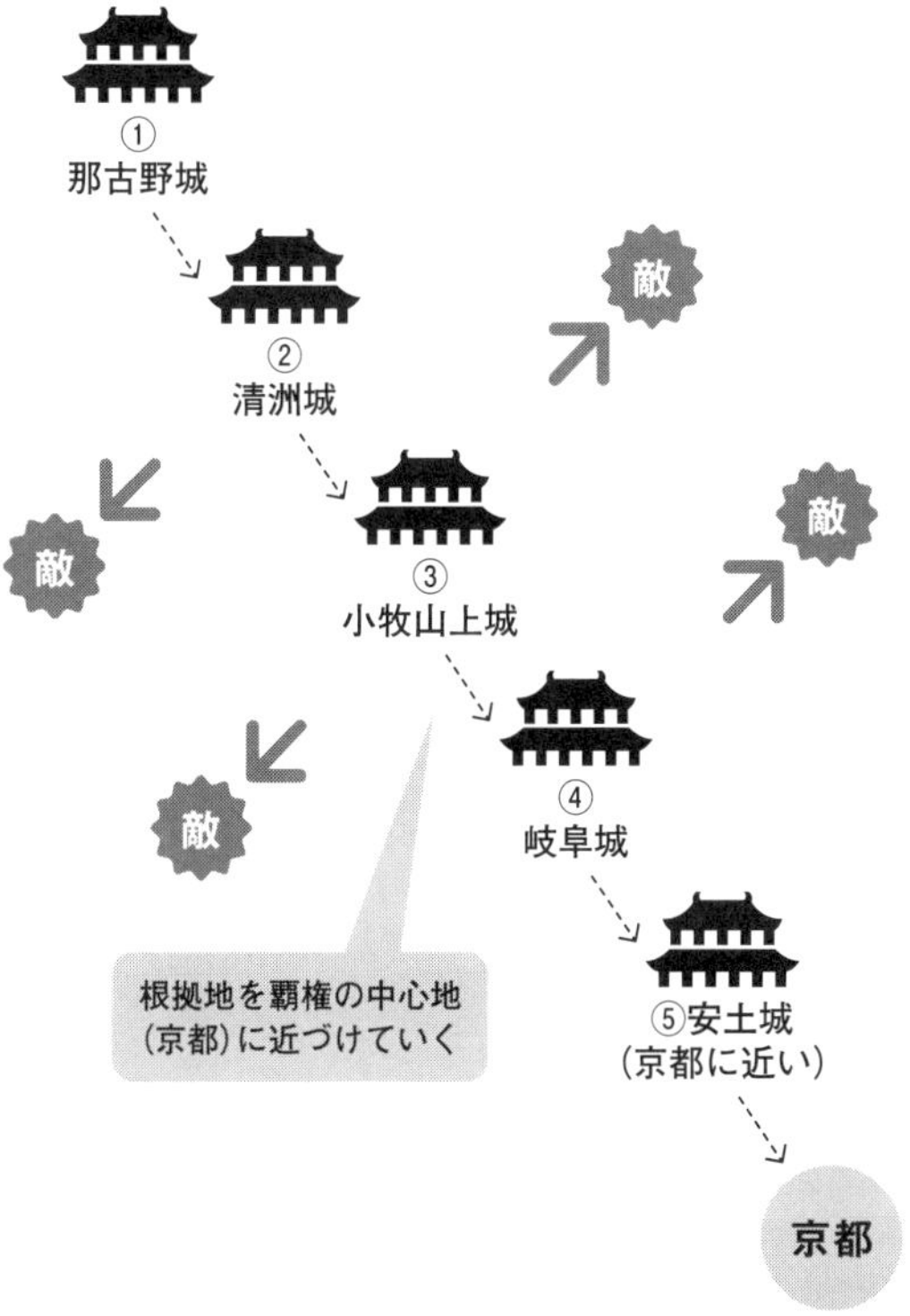

信長は、勢力を増強する度に、天下統一に不可欠な京都を抑えるため軍団の根拠地を都に近づけ、広範囲の敵を同時並行で倒す方面軍も整備した。

スで多角化を成功させる事業部制に大変よく似ています。

当時はいくさのない時期、武士も農業に関わりましたが、信長は直臣の兵農分離を進め、根拠地を移動させたことで家臣団は領地にこだわらず戦闘に集中できました。

●富士フイルム、GE、IBMは時代に合わせて事業ドメインを切り替える

織田信長が根拠地を四回も変えたことは、どのような効果があったのでしょうか。

一つには天下統一への重要エリアへのアクセスや支配力の強化が可能になったこと、二つ目は部下が物事を考える視点を転換できたことがあげられます。

那古野城にもし信長の根拠地があり続ければ、京都や関西、四国中国地方の騒乱に対して即時介入はできず、家臣も天下を狙う集団だと自己認識しなかったかもしれません。

根拠地の移動は、本社所在地だけでなく、事業領域の軸足の変化にも例えられます。ビジネスでは「事業ドメイン」（＝事業の展開領域）という言葉がよく使われますが、ビジネスを行う領域を計画的に変化させて、新たな成長へ向けてドメイン移行が行われます。

次の三社は特に有名な事業ドメインの移行例でしょう。

富士フイルム

傘下の富山化学工業がエボラ出血熱に効果のある未承認薬を持つなど、近年医薬品での話題で注目を集めている。化学フィルム中心から脱却し、情報ソリューション事業などの新たな事業分野で高い収益性を誇る。

ゼネラル・エレクトリック

一九七〇年代に「利益なき競争」を食い止めるため、収益性のない事業売却を促進。八〇年代には、ＣＥＯのジャック・ウェルチが業界で一位か二位の事業への集中を宣言。現在は風力による電力発電事業、超音波医療診断機器など、新たな事業領域を拡大している。

ＩＢＭ

一九九〇年代まで大型コンピューターの世界的企業だったが、ＰＣの小型化の波でＩＴソリューション事業へ転換。現在ではＩＴシステムの運用管理を含めたインテグレーター、企業向け情報分析コンサルティングの分野でも成長を続けている。

飛躍を続ける三社は、時代の転換点で「過去の事業ドメインと決別」しています。信長が天下を狙うため、慣れ親しんだ故郷の那古野城を家臣と共に離れたようにです。

さらに信長は、豊臣秀吉など百姓出身でも功績で抜擢し、代々の織田家臣団に比肩する地位を与えました。肩書ではなく実力と戦果で人事が決まることを集団に徹底させて、ベテランの家臣も健全な競争意識の中に巻き込む効果を狙ったのです。

信長は、天下を獲るため過去と離れ続け、競争意識の高い優れた戦闘集団をつくり上げたのです。

織田信長

尾張（愛知県）から京都を目指し、足利義昭を将軍として権力を掌握。のちに義昭と対立し、何度も信長包囲網が敷かれたが打破。天下統一を目前にして本能寺で横死した。

14

豊臣秀吉【小牧・長久手の戦い】
組織は最も弱い部分が全体の成果を決める

Strategy
全体最適化戦略

なぜ、戦いに負けた秀吉が天下を獲れたのか?

織田信長が天下を目前に本能寺の変で死去。仇を討った秀吉は、織田家の天下を奪う勢いを見せるが、信長の次男・信雄と家康の同盟軍が立ちはだかる。海道一の弓取りと言われた家康を敵にして、どのように秀吉は逆転勝利できたのか?

● 信長死後、天下を狙う秀吉、次男の織田信雄と対立する

一五八二年、本能寺で織田信長が家臣の明智光秀に討たれます。岡山県で毛利軍と対峙していた秀吉は、愕然とするも電光石火で取って返し、わずか一一日後に光秀を京都の山崎で敗北させます。

信長の長男、信忠は本能寺の変で戦死し、次男の織田信雄は織田政権を継承するつもり

でした。しかし、清州城で行われた織田家臣の会議で、秀吉は信忠の子である織田秀信を擁立します。織田家の天下を簒奪する秀吉の意図に信雄が気づき、両者は対立します。

信雄は自身の三家老と秀吉との内通を知り、彼らを謀殺。信長亡き後、唯一秀吉に対抗できる徳川家康に助けを求め、秀吉軍と小牧・長久手の戦い（愛知県）で激突します。

信雄・家康陣営は秀吉の不義を糾弾する書状を各地の大名に送り、四国・東北・関東・大坂などで賛同する味方を得て、「秀吉包囲網」をつくり上げます。

信雄・家康VS秀吉の戦いは、秀吉に恨みを持つ雑賀衆が岸和田・大坂に攻め込むなど、日本各地を巻き込む広範囲の戦闘となりました。

奇襲されて信雄側は犬山城を失い、同時に伊勢（三重県）側からも秀吉の弟、秀長に攻め込まれます。しかし犬山城の近く、羽黒で敵である森長可《ながよし》の軍勢を撃破。羽黒の敗戦で秀吉自らが大坂から出陣し、犬山城に入城。にらみ合いが続きました。

膠着《こうちゃく》を破るため、秀吉側の池田恒興《つねおき》が家康の本拠地、三河への別働隊攻撃を提案。ところが、これを察知した家康は移動中の別働隊を後方から奇襲し大勝利を収めます。

戦いに負けた秀吉の大逆転勝利

家康の劇的な勝利で、京都では家康が上洛するのではないかとの噂まで流れます。正面攻撃が難しいことを知った秀吉は、犬山城から大坂に撤退しながら、岐阜にある信雄の拠点を攻め落とします。また信雄の家臣の九鬼嘉隆《くきよしたか》などを寝返らせ、水軍を家康の三河に上陸させて牽制《けんせい》。家康がすぐに救援できない三重県津市の戸木《へき》城も攻め落とします。秀吉は、家康ではなく信雄に圧力を集中します。心理的に追い詰めた上で、秀吉は信雄に単独講和を提案。それに信雄が応じてしまい、家康は戦闘の大義名分を失って停戦せざるをえませんでした。

家康がつくり上げようとした秀吉包囲網に目を奪われず、最も切り崩しが容易で効果の高い、織田信雄という大義名分を奪うことで、秀吉は戦わずに勝者となったのです。

戦闘で負けなかった家康は、自らの次男を人質に出して秀吉と講和しました。

鎖構造の問題では、最も弱い環が全体の性能を決める

「最も弱い箇所によって全体の性能が決まってしまうシステムは、鎖のような構造を持つ

と言える。どこかに弱い環がある場合、いくら他の環を強化しても、鎖全体は強くはならない」（リチャード・P・ルメルト『良い戦略、悪い戦略』より）

自動車のように、車体、エンジン、ブレーキ、デザインなど複数の組み合わせで性能が決まる場合、一つの欠陥が全体をダメにします。鎖構造では全体最適が図られない場合、改善への投資がかえってマイナスを生み出すことさえあります。ボトルネックが解消されなければ、他の部分に資源や人員を投下しても、全体の成果は変わらないからです。

この全体最適は『ザ・ゴール』の著者であるエリヤフ・ゴールドラットの、TOC（Theory of Constraints　日本語では「制約理論」）が有名です。

生産の全体成果は、ボトルネックの解消にかかっており、一つのボトルネックを発見して改善したら、次にボトルネックとなる点を探して成果を継続向上させる発想です。

家康が同盟で勝つには、自軍が強いだけでなく、脆弱な信雄の領土の防衛と軍備を増強する全体最適が重要でした。しかし家康はそれに気づかず、信長包囲網を真似します。

しかし鎖構造では、最も弱い環が全体の性能を決めます。自らの戦いに集中した家康はまだ若く、最も弱い環を見抜いた老練な秀吉の戦略眼にあえなく屈服したのです。

●鎖構造を強みに変えるか、弱みとして放置するか

鎖構造では全体最適の他、優れた鎖構造をつくり上げることで、容易に模倣できないビジネスを形成することが可能です。『良い戦略、悪い戦略』のリチャード・Ｐ・ルメルトはスウェーデンの家具メーカー、ＩＫＥＡの例をあげています。

ＩＫＥＡは巨大店舗を郊外で展開し、広い店内で選ぶことができ、少ない店員のオペレーションで、独自デザイン家具を販売して、全世界のロジスティックスを自社で管理をしています。

「ＩＫＥＡの例から、さまざまなプロセスを組み合わせて鎖構造を形成すれば、それが持続可能な戦略優位となることがわかる。こうすれば戦略はより有効になるし、競争相手がまねることも困難になる」（前出書より）

立地だけ、味だけ、接客だけよりも、三つがすべてあるほうが集客力を維持できます。

小牧・長久手の戦いは一五八四年であり、二六歳の織田信雄に比較して、秀吉が取り込んだ織田秀信はわずか四歳です。織田家の血筋の正当性は信雄のほうが強かったでしょ

全体最適化戦略 鎖構造のもっとも弱いところに攻撃を集中する

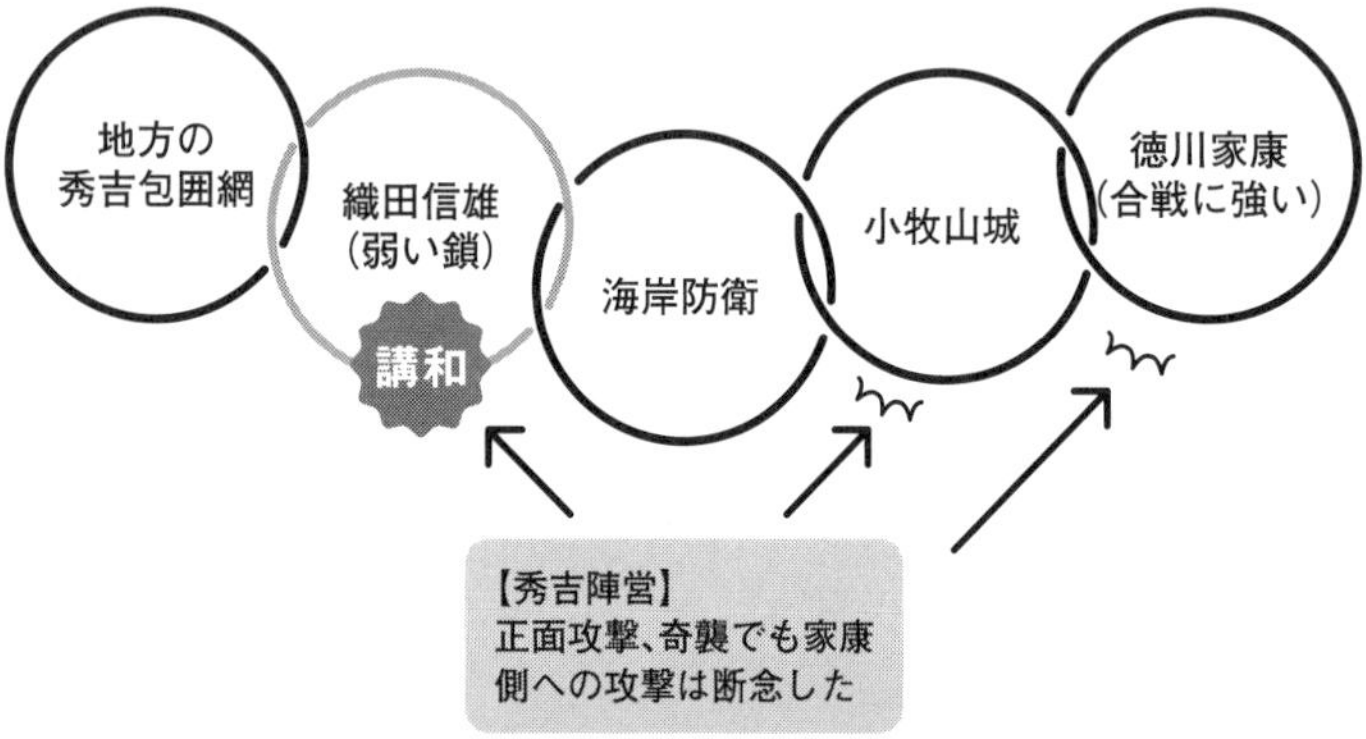

秀吉は、鎖構造の一番弱い部分、織田信雄に圧力を集中して講和を成し遂げた(実質的に家康は敗北)。鎖構造では、強さや生産性はもっとも弱い部分に依存する。

一方で、IKEAのように強みを鎖構造として組み合わせる場合、1つや2つの要素をライバル企業に真似られても、優位性を奪われることがなくなる。

う。

家康陣営が全体最適を行い、武力・血筋・正当性を鎖構造に組み合わせれば、秀吉陣営よりもはるかに有利な立場になることもできたはずなのです。

豊臣秀吉

一五三七年生まれ。下層の生まれで今川家に仕えたのち、織田信長の元で活躍する。信長を殺した明智光秀を滅亡させ、織田家の勢力の後継者となり、天下を統一する。

15

徳川家康【関ヶ原の戦い】

最速で学び反映できる者が最後は生き残る

最後に登場した徳川家康が、なぜ天下を獲れたのか？

家康の古くからの同盟者の織田信長が死去し、日本で一番出世した男と言われる豊臣秀吉の天下となる。小牧・長久手の戦いのあと、長い雌伏の期間を得て、家康は天下人として開花。一六〇〇年の関ヶ原で勝利した英雄は、どんな戦略で逆転したのか？

Strategy

学習優位戦略

●反抗した勢力を徹底的につぶした秀吉

信長の次男、信雄と家康が秀吉と対峙した「小牧・長久手の戦い」は、家康が人質を差し出す形で停戦しましたが、翌一五八五年に秀吉は伊勢に出兵。前年に家康に呼応して反秀吉側で戦った雑賀衆《さいかしゅう》を壊滅させます。三か月後には四国の長宗我部《ちょうそかべ》を制圧、五か月後には北陸に大軍を派遣、反秀吉側の佐々成政を攻め、領地の大半を奪います。

同年一一月には、家康の腹心だった石川数正が突如、秀吉側の家臣となる事件が起きるなど、停戦後に電光石火で反勢力を各個撃破、秀吉は自らの基盤をさらに強固にします。

- **九州の島津を討伐（一五八六年七月～翌年四月）**
- **家康が秀吉に臣従を誓う（一五八六年一〇月）**
- **小田原、北条氏討伐と秀吉の天下統一（一五九〇年）**

北条氏討伐の同年、家康は秀吉の命令で関東に所領が移されます。代々縁の深い三河地方ではなく、家康と家臣団の拠点は関東平野に移動。入り江や沼地が多かった関東平野を開墾し、利水・埋立事業を起こしたことで、今日の東京への基礎がつくられます。

関ヶ原の戦いで、豊臣家臣団を二つに分裂させた家康の手腕

秀吉は、家康を箱根の向こう側に閉じ込めたと思ったのでしょうが、家康は豊臣側の厳しい監視から離れて開拓を進めて、三〇〇万石の収穫を持つ強国に成長させていました。

一五九八年八月、秀吉が死去。その前に二度行われた朝鮮出兵で、出陣した豊臣宿将た

ちと石田三成などの文官との関係が険悪となり、西日本にいた豊臣大名の勢力も疲弊します。一方、家康は朝鮮出兵では名古屋まで兵を進めて、海を渡りませんでした。

徳川家康が天下を獲れたのには、大きく分けると三つの要素が想定できます。

①未開の関東平野に移動して、秀吉の監視から遠く離れて国力を増強できた
②朝鮮出兵の無謀さから、渡海を控えて戦力を温存した
③一六〇〇年、関ヶ原の戦いで徳川VS豊臣ではなく、東軍VS石田三成としたこと

関ヶ原の戦いで、東軍（家康）側には、もと豊臣武将が多数おり、西軍（三成）側は西日本で豊臣が征伐した勢力が主力でした。秀吉の子飼いの武将だった加藤清正、福島正則、加藤嘉明までが家康側に参加し、石田三成を打倒するため戦ったのです。

これは、家康が巧みに掲げた戦闘の目標が、三成のものより「多くの人を巻き込む魅力」にあふれていたことを意味します。

●学習優位を持つ企業こそが、不確実な時代に勝ち残る道

東軍勝利のきっかけの一つは、秀吉の甥である小早川秀秋の裏切りです。石田三成が自軍の結束を固めることができなかった一方で、家康は豊臣家打倒の狙いを、巧妙に三成打倒にすり替えて味方を増やして、勝負したのです。

戦国時代は不確実の連続です。本能寺の変で信長が死に、百姓の出身である秀吉への臣従も、家康からすれば「完全に想定外」だったはずです。

したがって、家康が生き残り天下を手にできたのは、特定の強みよりもむしろ「現実から学習する能力が突出していた」からなのです。

「自分が天下を収めることができたのは、武田信玄と石田三成両人のおかげである（我天下を治むる事は、武田信玄と石田治部少両人の御影にて、かようになりし）」（桑田忠親『徳川家康名言集』より）

家康は、戦や軍事の手立ては信玄を師として学び、石田三成が謀反を起こしてくれたおかげで、三成を討って天下を手にすることができたと述懐しています。

『学習優位の経営』の著者、名和高司氏は不確実で安定しない時代には「競争優位」ではなく「学習優位」こそが武器となると述べています。

実践からフィードバックを得て、その結果から次の手を打つ。これを繰り返しながら、他者よりもどれだけ優れた学びを得るかが勝負となるのです。

徳川家康の「学習の力」は、次のような史実からもわかります。

- **腹心だった石川数正の裏切りで、徳川の軍事制度を捨て、武田流を新たに採用した**
- **石田三成を殺さず、豊臣側の分裂の道具としたこと**
- **関ヶ原では家康も「秀頼のため」と大義名分を掲げた**
- **天下を手にしても、質実剛健を徳川家臣団の方針として徹底した**

秀吉の手引きで家臣が裏切り、徳川の軍事機密が漏れたことを機会にして、家康は自身が負けた武田信玄の軍制度を新たに導入しています。

また、織田信雄を説得されて戦闘の大義名分を失った経験から、関ヶ原では「豊臣家（秀頼）のために戦う」という旗印を掲げて、豊臣恩顧の武将を味方につけています。

三〇〇年続いた徳川政権と、勝ち続ける企業の学習優位

天下を手にしたのちも、豪奢な生活を戒める言葉を、徳川家臣や跡継ぎの秀忠に何度も伝えますが、天下人となった秀吉が権威を誇示するため、高価な茶器を集めて派手な姿を見せたことを反面教師としたのでしょう。

ＰＯＳデータを日々の販売予測に活用することで有名なコンビニのセブン－イレブンは、毎日の現場がまさに「学習の場」です。

売れ筋を把握するだけでなく、新しい企画商品が実際に棚に並んで〝売れるか売れないか〟を最速で学び反映する仕組みこそ、セブン－イレブンの強さと魅力を際立たせ続ける要因といえるのではないでしょうか。

現在、全世界で一〇〇〇万台超の生産数を誇るトヨタ自動車ですが、同社の強みと言われる「トヨタ生産方式」は、八〇年代から九〇年代に研究されて、海外メーカーの多くも同種の知識を採り入れています。にもかかわらず、トヨタは低燃費のハイブリッド・カーで世界を席巻し、最近では燃料電池の新たな技術で車の未来を開拓しています。

不確実な現代ビジネスでも、目の前の変化から常に学ぶ、飛び抜けた学習優位を誇る経営者と企業こそが最後に天下を獲るのです。

徳川家康

幼少の頃は人質として生活するも、のちに織田信長と同盟を結び頭角を現す。信長の死後、一時は秀吉に臣従するも最後は豊臣家を滅ぼして、三〇〇年間続いた江戸幕府を開く。

第5章

植民地戦争から「危機のリーダーシップ」を学べ

——現状を正しく認識し、変化に向かい合う真摯さ

16

フェルナンド・コルテス【アステカ征服戦争】

リーダーは常に現実を直視し、外界の翻訳者になる

Strategy

環境定義戦略

征服者コルテスとアステカの皇帝、勝敗の分かれ道とは？

オスマン帝国が東ローマ帝国を滅亡させて、地中海の東側を支配。これにより欧州諸国は経済が停滞し、インドへの新航路を求めた。そんななか、新大陸に渡ったスペインは、なぜ大量の戦士を抱えるアステカ帝国に勝つことができたのか？

●スペイン・ポルトガルの大航海が生んだ悲劇と収奪

西欧世界にとって一四〇〇年代の後半は、極めて重要な意味を持つ時代でした。一二〇〇年代からモンゴル帝国が急拡大、一三〇〇年代半ばのペスト大流行。十字軍の拠点として三〇〇年の戦争に耐えた東ローマ帝国がオスマン帝国の侵攻で一四五三年に滅亡。

オスマン帝国はその後、ギリシャを含めたバルカン半島を占領し、地中海の東沿岸地域のほとんどを領有。そのためヨーロッパ各国は、インドとの新たな交易ルートを確保する必要に迫られました。

一四九二年一〇月、コロンブスが新大陸を発見して、野心的なスペイン人が続々と大西洋を渡ります。その一人が、のちにアステカ帝国を征服するフェルナンド・コルテスです。

田舎貴族の息子で法律学を学び、一時軍人を夢見た彼は、新天地を求めて一九歳（一五〇四年）で入植都市イスパニョーラ（現在のドミニカ・ハイチの島）に上陸します。コルテスは現地の公証人となり、二六歳のとき、キューバを征服する遠征軍に参加。遠征が成功したのち、指揮官の書記として八年間キューバに滞在します。

一五一七年に有力者と資本家の共同投資で、新しい土地を発見するため船団が組まれ、西に向かいます。ユカタン半島の南九〇キロに上陸したとき、遠征隊はうかつにも陸上で一夜を明かし、朝には自分たちの二〇〇倍ものマヤの軍勢に取り囲まれます。

約一〇〇人のスペイン人は五〇人が戦死、残りはなんとか船でキューバに戻ります。

一五一八年の第二回の遠征隊は、原住民との戦闘以外に、ガラス玉と黄金を交換することに成功。原住民はガラス玉を翡翠の宝石だと勘違いしたのです。

第三回目の遠征軍の計画の際、有力者ベラスケスの秘書と会計係に取り入って、遠征軍のリーダーの立場を手に入れたのがコルテスでした。注目すべきはコルテスが、単に遠征隊の長に任命されただけで、大きな権力も遠征軍での多数派も握っていなかったことです。ベラスケスは彼を信用せず、配下の監視役を遠征隊に入れていたほどでした。

●アステカ人の敵がいることを、喜んで利用したコルテス

コルテスが数百名の遠征隊で、最終的にアステカ帝国を滅ぼしたのには、大きく二つ理由があります。一つは偶然の幸運、もう一つは彼の隠れた軍事的才能の発露でした。

①彼の上陸を、アステカ側が偶然に「伝説の神の帰還」と勘違いしたこと
②コルテスがアステカに不満を持つ諸部族を手なずけ、彼らの武力を糾合したこと

アステカには伝説の神ケツァルコアトル帰還の言い伝えがあり、偶然にもコルテスらはこの神が帰還する予言日に南米に上陸。アステカの九代目王モンテスマは、スペイン人た

ちを伝説の神と誤認して、有利な初期に戦争を仕掛けませんでした。

もう一つは完全にコルテスの軍事的着眼点ですが、徴税などアステカ支配に不満を持つ他の部族を先に征服して戦士を集め、数万人の同盟軍を作り上げてアステカと対峙したことです。

その他に、征服者コルテスにはリーダーとして三つの突出した能力がありました。

①自らの求心力を高めて部下を従わせる力

ベラスケス出資の遠征隊のままでは、コルテスは単なる雇われ隊長に過ぎません。彼は法律の知識を利用し、上陸地点に都市の成立を宣言。スペイン王に直接このことを手紙で報告し、都市の首長となって遠征隊を自らの直接配下に変えてしまいます。

また彼は巧みに隊員からの信頼を勝ち取り、全軍から尊敬を集めるほどになります。

②アステカの反応を適切に解釈するために、常に情報を重要視した

コルテスは正しい情報の入手を最重視しました。遭難したスペイン人が現地女性と結婚していることを知り、その人物や現地の元貴族の娘を通訳として、アステカの事情を詳しくつかんで侵略作戦を立てます。不利なときはスペイン王の平和の使者と名乗って和平を乞い、敵を戸惑わせました。

③この遠征の意義を壮大なものとして部下に伝え、彼らを熱狂させた

コルテスは五〇〇人の集団に覚悟を決めさせるため、内陸へ進軍する際に、来たときの船をすべて焼き捨てました。軍団は敵地でコルテスの指揮力に依存していき、コルテスは栄光と富の夢を部下に吹き込みます。

初期の最大の危機のトラシューカラ部族との戦闘では、六〇〇〇の敵兵士に取り囲まれ、味方の兵士は数百名に過ぎず、戦死する仲間が増えて恐怖が広がりました。

「どのような恐怖心を部下が抱いているかということを聞いたコルテスは、それこそ一人一人を相手に、ていねいに彼らに話しかけた。まず初めに彼は、部下の異常なまでの勇敢さを讃えた。広い世界のなかで、これほどまで勇ましく戦ったスペイン兵はいないと断言した」（モーリス・コリス『コルテス征略誌』より）

弱みを見せて退却すれば、自分たちがただの人だと見抜かれて、必ず全滅させられるとコルテスは伝えて、部下に決死の覚悟で戦わせ、トラシューカラから休戦を引き出します。

外界の翻訳者としてのリーダーの役割と重要性

アステカの王、モンテスマはリーダーとしてはコルテスの真逆でした。伝説の神という誤解があったとしても、あまりにも優柔不断で貴族や兵士の不満を生み、広く情報を集めずコルテスとスペイン人の本当の姿を把握できませんでした。

モンテスマが広く客観的に情報を集めたなら、第一回遠征軍も含めてスペイン側に死者は確実に出ており、神と勘違いした相手を殲滅することも可能だとわかったはずです。

重要な点は、モンテスマがスペイン人との戦いの「意義」をアステカ人に建設的な形で伝えず、数十万もいた戦士の力を強力に結集させず、活用できなかったことです。

もし、モンテスマが次のようにアステカ人に宣言したら勝敗はどうなっていたでしょう。

- **スペイン人は斬れば血の出る普通の人間で、たかが数百人しかいないこと**
- **敵の武器、敵の遺体を持ち帰ったアステカ戦士に褒賞を与えること**
- **偉大な王モンテスマは、スペイン人を殲滅した部族に栄誉と富、税の免除を与える**
- **敵は強力な武器を持つ、しかしごく少数のためアステカ人が必ず勝てること**

・一部のスペイン人に地位と富を与えてアステカに引き込み、その力を利用する

奇妙ですが、これはモンテスマに実行可能なことばかりです。彼が外界の状況を正確に捉えて「優れた翻訳者」として帝国に伝えるリーダーシップを発揮したらどうなったか。アステカの戦士たちは、たかが数百人のスペイン人を数千、数万の大群で昼夜を問わず勇猛に攻めてあっけなく全滅させたでしょう。

これは「外界を翻訳していかに組織に伝えるか」のリーダーシップの差だったのです。

歴史のイフ（ｉｆ）ですが、コルテスがアステカの指導者で、モンテスマがスペイン人を指揮していたら勝負はアステカ人の圧勝だったでしょう。アステカ帝国は、スペイン人の武器を手にして領土をさらに拡大した可能性さえあります。

モンテスマの不利は、生まれたときから王族で、スペイン人の侵略まで「外界の翻訳者」として新たな変化に立ち向かう経験が稀薄だったことです。何も持たない男コルテスは、優れた外界の翻訳者であることが、リーダーとしての生命線だと知っていました。

倒産危機のＩＢＭを見事復活させた、ルイス・ガースナーは次のように述べています。

「変革を成功させるには、危機に直面している事実を公に認めることが不可欠である（中

環境定義戦略　外界の翻訳者としてのリーダーシップ

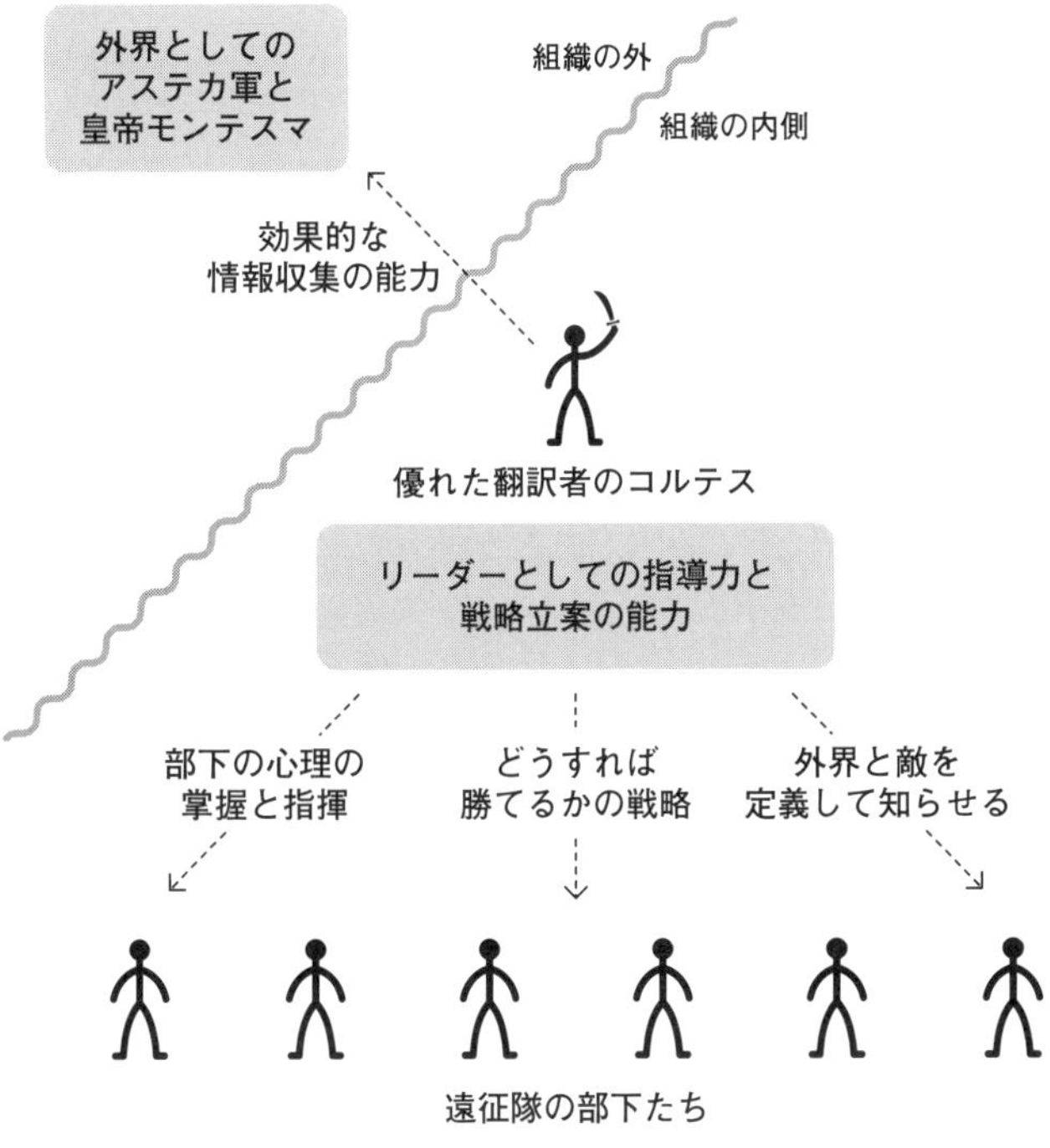

**▶ コルテスは、外界の優れた翻訳者（リーダー）として
3つの役割を果たした**

① 外界と敵を定義して集団に知らせる
② どうすれば勝てるか、優れた戦略を定義⇒噛み砕いて集団へ教える
③ 部下の心理を掌握し勇敢な戦闘へと指導した

遠征隊はコルテスの効果的な翻訳で、富と栄光を目指して勇戦できた。

略）。危機の大きさや深刻さ、影響を伝えるのはＣＥＯの仕事だ。そして、いかにして危機を乗り切るか、新たな戦略、新たな企業モデル、新たな企業文化について伝えられることも、おなじくらい重要だ」（ルイス・ガースナー『巨象も踊る』より）

ビジネスでもリーダーこそが「外界の翻訳者」なのです。どんなチャンスがあるか、どこに向かえば勝利を手にできるか、自分たちがどんな問題に立ち向かっているのか。社会環境を翻訳し、自社のビジネスの意義を内部に説明するのはトップの役割です。

優れた翻訳者のリーダーは、組織を奮い立たせ、危機を克服する力を生み出すのです。コルテスは進んだ文明の力だけで、巨大帝国を征服したわけではありませんでした。アステカの民には彼は無慈悲な虐殺者であり、非難されるべき人物ですが、純粋なリーダーとして見た場合には、組織を率いる極めて優れた資質を持つ戦略家だったのです。

フェルナンド・コルテス

スペイン人。若い頃に西インド諸島に入植し、遠征隊を率いて南米大陸のアステカ帝国を滅亡させる。支配地域で富を収奪し大富豪となった。南カリフォルニアなども探検。

17

不可逆な変化に直面したら、目標を変えないといけない

テクムシ【インディアン戦争】

Strategy

自己像革新戦略

五〇〇万人ものインディアン*は、なぜ植民者を倒せなかったのか？

大航海時代以降、北米に入植者が続々到着する。インディアンたちが住む大地は、豊かな資源と広大な土地で入植者の人々を魅了。インディアンへの迫害と欧州各国の争奪戦争が始まる。洗練された独自の文化を持つインディアンたちは、なぜ植民者たちに反撃できず、敗北していったのか？

＊現在、北米の先住民は「ネイティブ・アメリカン」と呼ばれていますが、歴史上の記述にならい「インディアン」と表記しています。

アメリカ大陸のインディアンと、一六世紀の植民都市の進出

北米大陸には、紀元前二〇〇〇年には河川流域に定住農耕村落があり、一六世紀には一〇〇万人から五〇〇万人のインディアンが住んでいたと推定されています。

書籍『アメリカ・インディアン奪われた大地』（フィリップ・ジャカン）には、一八二四年にインディアンの族長代表団がフィラデルフィアを訪れたこと、一八三〇年に

画家カトリンが描いたインディアンたちの姿が掲載されています。一八三〇年は日本で吉田松陰が生まれた年であり、江戸末期までインディアンたちが部族とその伝統を保っていたことがわかります。

一六世紀半ばに、東海岸でインディアンからビーバーなどの毛皮を買い取るビジネスが発達。フランスは一七一三年以降に、ミシシッピ川流域で植民活動を本格化させます。

イギリスは一六〇七年に、入植事業で植民都市ヴァージニアを建設。信仰の自由を求めた人たち（ピルグリムファーザーズ）約一〇〇人も一六二〇年にアメリカ大陸に到着。当時の彼らはインディアンの援助を得て、厳しい気候を生き抜くことに成功します。

オランダも一六〇九年以降、北部のハドソン川を中心に交易拠点をつくり、一六二〇年代にニューネーデルランド（のちのニューヨーク）を建設しました。

勇猛果敢な戦士たちの逆襲

一六二〇年以降、生活圏を脅かされたインディアンの苦しい抵抗戦争が始まります。

・メタカムの戦争（一六七五〜七六年）

- **ポンティアック戦争（一七六三〜六五年）**
- **フォールン・ティンバーズの戦い（一七九四年）**
- **米英戦争（一八一二〜一五年）**
- **セミノール戦争（一八一〇年代〜五六年）**
- **南北戦争後の一連のインディアン戦争（一八六五〜一八九〇年）**

ポンティアック戦争は、フランスに勝ったイギリス植民地側が過酷な政策を進めたことで勃発しました。ポンティアックら指導者は、白人が植民するまえのインディアンの伝統に戻り、白人が広めた飲酒など悪習を捨てろと訴えて広域の部族を大糾合しました。インディアン同盟軍はデトロイトとピット砦、ナイヤガラ砦以外はすべてのイギリス軍の砦を制圧しますが、天然痘の大流行が起こり、最後は同盟が瓦解して敗北します。

ショーニー族のテクムシは、民族が絶滅の危機にあると訴えてインディアンの大同盟を計画。彼はインディアンの過去の歴史から学び、単独部族でも地域同盟でもなく、インディアン全体の団結のみが彼らの土地を略奪から守る唯一の活路だと判断します。

インディアナ准州総督だったウィリアム・ハリソンは、「もし合衆国が存在していなければ、このショーニーの族長は『その栄光においてメキシコやペルーに比肩しうる』帝国をつくり上げるかもしれない」と述べました（W・T・ヘーガン『アメリカ・インディアン史』より）。

テクムシは全インディアンの団結のため、北は五大湖から南はメキシコ湾まで諸部族を精力的に遊説します。しかし彼の不在時をハリソン軍に狙われて戦闘となり、インディアン軍は奮戦ののち壊滅。テクムシは一八一二年の米英戦争をきっかけに英軍と同盟して合衆国軍を攻撃。一時はデトロイト周辺を占領しますが、英軍の名将ブロックの戦死で英軍は勢いを失い、テクムシもやがて戦死します。

一八七六年にはリトルビッグホーンの戦いで、スー族の有名な戦士、クレージー・ホースらがカスター将軍の部隊を各個撃破と包囲で全滅させます。

南北戦争以降の、インディアン最後の抵抗戦争には、有名なアパッチ族も加わりました。

「乾燥しきった南西部には、スペイン人を相手に二百五十年にわたってゲリラ戦を展開してきた古強者のアパッチ族がいた。スペイン人は彼らに手のこんだ拷問と四肢切断の技術を教え込んだが、ついにこの相手を屈服させることはできなかった」（ディー・ブラウン『わが魂を聖地に埋めよ（上）』より）

アパッチ族は南米を征服したスペイン人の北上を二〇〇年以上にわたり食い止めた、勇猛かつゲリラ戦が得意なインディアンでした。一八六一年にはアパッチ族と合衆国軍の一部が衝突し、二五年間近く続くアパッチ戦争が発生します。

「ヴィクトリア、ナーナー、それにジェロニモが勇猛果敢な戦士を指揮し、南西部を一五年間にわたって威嚇した（中略）。彼らは待ち伏せの名人で、追跡者たちは油断がならなかった。三六人の小さなバンドを指揮するジェロニモが降服し、それによってアパッチ戦争が終結したとき、戦場には五〇〇〇の軍隊が出動していた」（前出『アメリカ・インディアン史』より）

●なぜ繁栄していた一〇〇万人以上のインディアンが壊滅したか

北米大陸に一〇〇万から五〇〇万人いたインディアンですが、一六七五年のメタカムの戦いでは、早くも極度に不利になっていました。ニューイングランドの五万の植民者に対して、対抗するインディアンは二万人だったからです。植民者は敵対する部族を味方につけて局所優位を確立して戦ったのです（以後、この局所優位の拡大を続けていく）。

また植民者側（のちには合衆国軍）は一つの戦術にこだわらず、ある戦法が行き詰まるとすぐに別の手段を打ち出しました。初期のインディアン戦争で、敵の逃げ足が速いと知ると彼らは農耕地を全滅させます。インディアンの食料を奪う方針に切り替えたのです。

南北戦争後には、西部インディアンを効率的に撲滅するため鉄道が敷かれ、六〇〇〇万頭いたアメリカン・バッファローも皆殺しにします。インディアンの主食のバッファローを、開拓者とハンターたちは毛皮だけ取って死体はすべて腐らせてインディアンを困窮させました（結果、インディアン達は極度の飢えに苦しみ多くが降服した）。

コマンチ族やアパッチ族は馬を巧みに使い、長距離を常に移動して、比較的長く合衆国軍に対抗しました。しかし合衆国軍は追跡にインディアンの斥候《せっこう》を活用して、メキシコ国境を出入りするジェロニモたちには、メキシコ軍との共同作戦を立て追い詰めていきます。

インディアンたちが苦心の末に発見した対抗法を前に、合衆国側はすぐに相手の戦略を打破するイノベーションを行う。最大五〇〇万人もいたインディアンの大陸は、数百人の植民者の到着から三〇〇年で完全に支配権を奪われたのです。

「インディアンが勝利できる戦略」はあったのか？

当時最強の英仏が北米で支配権を争い、一七八三年にはイギリスに勝ったアメリカ合衆国が登場。インディアンたちは世界最先端の軍事力による侵略に直面していました。

極めて不利なインディアンたちは、どんな戦略を選択すべきだったのでしょうか。

インディアンたちが勝つために必要な戦略には、次のようなことがあると推測できます。

- **問題の全体像をいち早く理解すべきだった**
- **一部族の戦闘ではなく、一六〇〇年代に統一国家の建設を目指すべきだった**
- **銃と弾薬を買い続けるのではなく、自前で生産を目指すべきだった**
- **英語やフランス語を学び、欧州の書籍で技術と戦略を吸収すべきだった**
- **インディアンに共感する優秀な白人を多数味方にするべきだった**

当初、わずか数百人で到着した植民者の目的がインディアンにはわかりませんでした。進んだ文化を持つ者が、荒れ果てた大地で苦労する目的が理解できなかったのです。

世界観を変えて、相手の知識と文化、技術を貪欲に吸収することも不可欠でした。

次の内容は、初期に入植者が大学に若者を通わせる提案をインディアンにした際の返事ですが、彼らの世界観が、入植者が出現しても変化がなかったことを示しています。


「以前、白人の教育を受けた若者が部族に戻ってきたときには、走力も落ち、彫刻技術には無知で、寒さと飢えに弱くなっており、『狩人としても戦士としても、また相談役としてもふさわしくなくなった』のである。インディアンの代表者は逆に、教育を受けさせるためにヴァージニアの若者を自分たちのもとへ送るようにと提案した」（前出『アメリカ・インディアン史』より）

インディアンは、入植者が大陸を発見した事実を直視した世界観で将来を見つめる必要がありました。強力な武装で指揮系統を持つ軍隊に守られた植民集団です。

テクムシは、白人女性から教育を受けて文化を学んでいました。彼は若い頃から戦闘に参加し、イギリスとの同盟で独立国家の樹立を目指します。彼が全部族に文字や文化と危機感をさらに広く伝えていたらどうなっていたか。抵抗する戦闘よりも、全民族の団結と内部革新を加速させることこそが、インディアンたちが真に選ぶべき道だったのです。

ネット通販アマゾンに迫る勢い、ヨドバシ．Ｃｏｍの新たな世界観

起きてしまった不都合な変化を織り込み、新しい世界観で躍進する企業があります。家電量販店のヨドバシカメラは年間売上高が六五〇〇億円以上（推定）の企業ですが、成長著しいネット通販の「ヨドバシ．Ｃｏｍ」は二〇一四年の売上高が一〇〇〇億円を超えると予想されています（「ビジネスジャーナル」二〇一五年五月一八日号）。

二〇一四年度のアマゾンの家電売上高は約二〇〇〇億円とされ、ヨドバシ．Ｃｏｍは家電のネット販売において大手のアマゾンとの距離を縮めつつあるのです。

快進撃の理由の一つは、従来型店舗が嫌う「ショールーミング」を逆手にとったことです。ショールーミングとは、店舗で商品を見て、購入はネットでする消費の新しい形であり、従来の発想なら、来店してもネットで購入する消費者は店舗側には苦々しいものです。

しかし、ヨドバシカメラはあえてこのショールーミングを逆手に取り、店舗商品のバーコードをスマホで読み込むと、ヨドバシ．Ｃｏｍの通販で購入できる仕組みにしました（価格は共通、該当店舗の実績になる仕組み）。

同社はさらに、店舗ネットワークを活かして当日配送を完全無料で提供。一三時までの

注文なら当日に配送、設置、リサイクル回収まで行い、大きなアドバンテージを誇ります。

現在、ヨドバシ．Ｃｏｍは家電の他、ベビー用品、おもちゃ、ジュエリー、書籍、食品や飲料、カー用品他、約二五〇万アイテムを扱い、完全に総合通販サイトです。

ヨドバシカメラが自社の従来の姿に固執していたら、ヨドバシ．Ｃｏｍの躍進は実現できたでしょうか。ネット購入の拡大という一見店舗にはマイナスの現実を、自社の未来像に見事に織り込んだ、新たな世界観がそこにあると推測できるのです。

「なぜ、私たちがアマゾンになってはいけないのか？」

ヨドバシ．Ｃｏｍの世界観は、起こった出来事を織り込んで新たな自己像をつくり上げるエネルギーと先見性を感じさせます。ネット通販の流行と拡大は防ぐことができない流れなのですから、それを自社の未来像に取り込むことこそが勝機だったのです。

欧州からの入植者が東海岸で小さな植民都市を建設し始めたとき、インディアンの中で先見性を持った者たちが、次の問いを自らにぶつけたらどうなったでしょうか。

「なぜ、私たちが大英帝国になってはいけないのか？」

この世界観の実現には、白人入植者の優れた知識と協力が不可欠です。しかしインディアン民族を中心とした新たな巨大帝国の共同創設者になる壮大な夢に、共感する入植者を巻き込むことができれば、不可能とまではいえなかったのではないでしょうか。

古い世界を守るための抗戦ではなく、インディアンが大英帝国のような新巨大帝国をつくり上げる目標は、急速な文明化と共に入植者を取り込む必要性も明示でき、新たな世界観の威力を最も効果的に活用できる唯一の戦略だったと思われるのです。

インディアンの伝統文化では構成員が平等に扱われ、大地を共有し資源を乱獲しませんでした。彼らの精神性は、現在の私たちよりも洗練されていたともいえます。

彼らにとって北米はすでに飽和した大地だったことも、高い精神性の理由かもしれません。フロンティアが消えた現代で、改めてインディアン文化が注目されるのは、競争相手の打倒よりも、調和と共生の必要性が認識され始めているからでしょう。

しかし、集団の生き残りと、文化の洗練が必ずしも一致しないことは歴史が示す通りです。戻すことが不可能な時代の変化に直面したとき、新たな世界観を構築して、自己革新を成し遂げることが、次の時代で飛躍するための最重要の武器となるのです。

テクムシ

ショーニー族。一七九〇年代からインディアンの抵抗戦争に参加して優れたリーダーとなる。一八一二年の米英戦争を好機と考えイギリス軍と同盟するも最終的には敗退した。

18

エイブラハム・リンカーン【南北戦争】

トップは、トップにしかできない決断を素早く行う

Strategy

取捨実行戦略

なぜ北軍のリンカーンは、将軍たちをクビにして勝てたのか？

一七七五年に始まるアメリカ独立戦争を経て、合衆国は領土をさらに西部と南部に広げていく。そして一八六一年、自由貿易をめぐって北部・南部が対立し、南北戦争が勃発。当初は南軍に有利だった戦局は、なぜリンカーンの指揮によって変わったのか？

●明治維新の三年前まで繰り広げられたアメリカの内戦

日本の江戸幕府と武士の時代が終わる契機となった明治維新は、薩長の新政府軍がイギリスから、江戸幕府がフランスから支援を受けていたことはよく知られています。

アメリカのペリー提督が東インド艦隊を引き連れて日本の開国を実現したにもかかわらず、明治維新にあまりアメリカの影響が見られないのは、ある大戦争がその理由でした。

一八六一年から六五年まで繰り広げられ、死者六二万人を出した南北戦争です。南北戦争の時期は、インディアン諸部族がかろうじて勢力を維持していた時代でもありました。

南北戦争の最大の原因は、アメリカの国家分裂の危機でした。南部諸州は綿花栽培と輸出による経済圏であり、北部は工業化が進展していました。南部は毛織物工業が進んだ英仏への輸出で潤っていたことで、関税のない自由貿易を好んだのです。

一方で北部は工業製品の産業化を進展させるため、欧州の進んだ製品に関税をかけて、自国の産業を保護して育成する必要がありました。安価な労働力として黒人奴隷を使う農園が広がる南部とは対照的です。

一八六〇年一〇月の大統領選挙で、奴隷制の廃止を唱える共和党のリンカーン当選が伝わると、サウスカロライナを筆頭に南部の諸州が連邦から離脱を始めます。

●北軍の劣悪な指揮に悩まされたリンカーン

一八六一年二月に、南部州がアメリカ連合国を結成。デイビスが大統領に選出されます。リンカーンは、南部に残されたサムター要塞を放棄するか支援するかの判断に迫られます。

彼は支援を選びサムター要塞への補給を宣言。これに触発された南軍は、四月一二日にサムター要塞を攻撃して南北戦争の幕が上がってしまいます（山岸義夫『南北戦争』では、補給宣言は南軍を戦争に誘うリンカーンの策略だった可能性を指摘しています）。

南北は、当初から戦力差がありました。北部二三州の人口は二二〇〇万人、南部一一州は人口九〇〇万人（四〇〇万人が奴隷）。戦争中、北部は二〇〇万人の兵士を召集、南部は九〇万人に留まり、工業生産力にも大きな差がありました。

「合衆国の五分の四が北部に集中していたのである。北部はまた合衆国農地の六七パーセントをしめていた。加えて北部の農業は多角化されていたのに対して南部の農業は綿花・タバコ・砂糖など単一商品作物の生産に集中していたため、食糧の自給すら不可能であった」（前出『南北戦争』より）

大差にもかかわらず、四年間も内戦が長引いたのは分離時に将校の四分の一が南軍に入ったからです。有名なロバート・リー将軍、勇猛果敢な「石の壁」ジャクソン指揮官など、内戦初期に指揮・機動力を活かした戦闘で兵力に勝る北軍を何度も打ち負かします。

逆に、リンカーンは北軍の指揮の劣悪さと命令の無視に何度も悩まされます。

兵器の発達と工業力を背景に、第一次世界大戦よりはるか以前に自らの大陸で、死者を激増させる悲惨な「総力戦」をアメリカは始めてしまいます。

●リンカーンの海上封鎖と、初期の南部の優勢

南北戦争は西部戦線、東部戦線、海戦の三つの戦場で戦われました。

開戦の年の七月、最初の激戦地ブル・ランでは南軍の指揮官がよく北軍の作戦を見抜き、ジャクソンの増援もあり南軍が勝利します。兵力の多い北軍は、短期間で勝つ甘い算段が粉砕され、敗戦に衝撃を受けたリンカーンは五〇万人の義勇兵を募集します。

一八六一年の秋までは南軍が優勢でしたが、西部戦線では翌春から北軍の戦勝が続き、北軍の名将グラントが要所のヘンリー城、ドネルソン城を相次いで陥落させます。

海上では開戦直後から北軍が南部の海上封鎖を行い、英仏との貿易が商業の中心だった南部経済は大打撃を受けます。翌六月にメンフィスで南部艦隊が北軍により全滅。

この窮地は東部戦線での「石の壁」ジャクソンと、南軍司令官ジョンストンの死去で抜擢されたロバート・リー将軍の活躍で打破されます。

ジャクソンは東部戦線で複数方向から分進する北軍をすばやい行軍で各個撃破、敵の包囲網から逃れながら大打撃を与えます。六月末には有名な七日間の戦いで、リーとジャクソンの南軍はアメリカ連合国の首都リッチモンドに迫る北軍を撃退することに成功。

北軍の指揮官たちは実績のない大統領リンカーンの指令を軽視し、奮戦しませんでした。

危機のリーダーシップ、窮地を打開したリンカーンの手法

最新の電信技術で、北軍のリンカーンは最前線の将軍や士官と連絡を取ることが可能でしたが、大統領からの電信命令に従わない将軍が何人も発生して混乱します。

開戦の年には命令を拒否したパターソン将軍を罷免、翌六二年の秋には民衆に人気のあったマクレラン将軍を罷免。六三年にはさらに多くの将軍を矢継ぎ早にクビにして、それまでの戦闘で実績を示した若手将校たちを抜擢、要職につけていきます。

「将軍罷免の理由はつねに明快であった。結果を出さなかったことに対して、責任をとらせるのである。こうして、リンカーンが下す（将軍罷免）に、まわりの人達は納得せざる

を得なかった」（内田義雄『戦争指揮官リンカーン』より）

一八六三年から急速に北軍が戦勝を重ねるのは、指揮官がこの時期までにほとんど入れ替わり、リンカーンが勇猛で優秀な士官を将軍に抜擢したからです。

同年春には南軍の名指揮官ジャクソンが戦死。南軍は窮地に追い込まれていきます。

リンカーンのもう一つの特徴は、トップしかできないことを広く手がけたことです。

- **海上封鎖を開戦直後に命令した**
- **英仏の干渉を食い止めた（奴隷解放宣言）**
- **電信網と鉄道を使い、前線との連絡と補給を確保した**
- **勇猛果敢で優れた将軍を探し続けたこと（無能な人物も見つけて罷免）**
- **ゲティスバーグ演説を含め、国民を鼓舞し大衆の支持を得たこと**

海上封鎖、英仏の干渉阻止、連絡網と補給整備、国民の支持を広く得ることなどは、戦場で戦う兵士や将軍ができることではありません。リンカーンは、無能な将軍たちに激怒しながらもトップだけが果たせる役割を見出し、確実に遂行する視野の広さがありました。

一方、南部の大統領デイビスは、軍人の経歴が長く、リー将軍など軍人の優秀さを見抜けても、トップが果たすべき職務を見つけて遂行する視野の広さと戦略眼が欠けていました。南軍は常に補給に苦しみ、デイビスは民心を支える演説もしなかったのです。

ビジネスでも、例えば職人上がりの人物は、現場への口出しや指示ばかりとなり、トップが整備すべき大きな課題を見つけることができないことがあります。

逆に優秀なトップは、現場へ指導できる詳細な知識を持ちながら、外堀も抜かりなく埋めていきます。日本航空で再建の手腕を振るった稲盛和夫氏は、五〇〇〇億円もの債務放棄と公的資金の注入を実現しながら、社員の経費の使い方まで細かく指導しました。

稲盛氏は航空業界の人ではなかったのですが、約三年で同社を見事に再上場させます。

稲盛氏とリンカーンの共通点をあげてみましょう。

- **トップでなければできない課題を見つけて達成する**
- **現場を詳細かつ正確に知り、細部にまで必要な指導を徹底する**
- **組織内の隠れたリーダーを抜擢し、無能な指揮官を見極めて降格させた**

〝危機のリーダーとしての資質〟と呼べる才能がリンカーンには備わっており、トップだけが可能な決断を矢継ぎ早に行いました。資源や国力が豊富ながらも劣悪な指揮系統に悩まされ、一時は苦境に立った北軍を最後は見事に勝利に導いたのです。

エイブラハム・リンカーン

アメリカの第一六代大統領。一八六一年に就任後、わずか一か月で南北戦争が勃発。兵力・物量で優位ながら敗退する北軍を立て直し戦争に勝利する。終戦五日後に暗殺される。

第6章

近代の戦争から「組織運営」を学べ

――今ある力を最大化する驚異の集団戦法

19

ナポレオン・ボナパルト【三帝会戦】

より速く始めて動きながら機会を見つけた者が勝つ

Strategy

動的機会戦略

列強に包囲されたナポレオンが、なぜ快進撃を続けられたのか？

貴族支配と財政破綻による重税で、フランスでは市民が一斉蜂起。一七八九年に人類史上初の、平民によるフランス革命が成立する。革命の波及を恐れる周辺君主国は大挙してフランスに干渉。多数国と戦う戦場で、革命の申し子ナポレオンは、なぜ快進撃を続けられたのか？

●四回にわたる大包囲網と戦ったナポレオン

西ヨーロッパを統一したカール大帝の死後、息子たちに帝国は分割され現在のフランスの前身である西フランク王国が生まれます（八四三年）。一三三七年から約一〇〇年間、フランスの王位継承問題でイギリスと争った一〇〇年戦争が起きますが、王家が入れ替わりながら次第にフランスは国家としての枠組みを確立していきます。

一五〇〇年代末からブルボン家がフランスを支配し、「太陽王」と呼ばれたルイ一四世の時代に領土拡大に成功するも、膨大な戦費で財政が破綻。ルイ一五世、一六世の時代には重税に市民が苦しみ、一七八九年ついにフランス革命が勃発。ルイ一六世は翌一七九三年にパリで処刑され王政が途絶えます。

フランス革命で立ち上がった共和政府は、革命の余波を恐れる周辺君主国の干渉で戦争を開始。フランスは大きく四回の大包囲網（細分化して六度とすることも）に遭遇し、度重なる戦争に突入します。

①一七九三〜九七年（イギリス・スペイン・オーストリア他）
②一七九九〜一八〇二年（イギリス・オーストリア・ロシア他）
③一八〇五年（イギリス・オーストリア・ロシア他）
④一八一三年（ロシア・イギリス・オーストリア他多数）

大同盟の多くはイギリスが提唱し、フランスを多数の国家で包囲しますが、第一回は若きナポレオンの活躍などで瓦解します。第二回はナポレオンがイギリスとその植民地であるインドとの連絡を絶つためのエジプト遠征後に結成されましたが、これもフランス軍が勝利します。

ナポレオンの皇帝即位で第三回が始まりましたが、アウステルリッツのフランス軍勝利により、またも対仏大同盟は消滅します。第四回はナポレオンがロシア遠征に失敗した直後に結成され、ライプチヒの戦いでついにフランス軍が敗北。対仏同盟軍はパリを占拠し、ナポレオンはエルバ島へ流刑となります。ナポレオンの生涯は、対仏大同盟との激突の歴史と言っていいほどです。

●戦場の変化に即応して三帝会戦に勝利

一八〇五年にアウステルリッツでロシア・オーストリア連合軍と、ナポレオンのフランス軍が対峙。三人の皇帝により争われたこの戦いは「三帝会戦」とも呼ばれます。

敵の連合軍約九万に対して、フランス軍は六万五〇〇〇人の劣勢でしたが、ナポレオンは巧みに自陣の右翼が弱いように見せかけて敵を誘い、罠にはまった敵がフランス軍の右翼に殺到した段階で、隊形が崩れた敵中央へ味方の主力を突撃させます。

敵の中央を分断し、ナポレオン主力は右翼に殺到していた敵を後方から包囲します。同時に、弱かったはずのフランス軍右翼は、後方に控えていたフランスのダヴォー軍が加勢したため、敵連合軍は突破できずに包囲されて壊滅しました。

「右手で敵の攻撃を受け流して、左手でパンチを浴びせるナポレオンの得意技」（松村劭『ナポレオン戦争全史』より）

ナポレオンは両軍が遠く対峙する「静的」な状態ではなく、敵がチャンスを見つけたと思い込み、動き始めた「動的」状態に勝機を見出していました。事前の準備で見えず、実際に物事を進行させた状態ではじめて出現する機会を捉えて劇的な勝利を得たのです。

戦場の「動的」状態に好機を見つける戦法は、若きイタリア戦役からナポレオンが一貫して発揮し続けた才能であり、敵の古い貴族指揮官を震撼させた戦い方でした。

●机上で議論を続けず、プロトタイプ運用から「動的」に始めるリーン戦略

現在、月間アクティブユーザーが一二億人を超えるソーシャル・ネットワークのフェイスブックは、もともとは二〇〇四年に創業者のマーク・ザッカーバーグが数週間で立ち上げたサービスでした。コンパクトに試作品を立ち上げて運用を開始して、ユーザーの反応

を確かめながら改良を加える事業開始方法をリーン・スタートアップと呼びます。

会議室の中で延々と議論するよりも、現実にユーザーに使ってもらうところからスタートして、机上の空論を続けるのではなく、動的な状態から好機を見出す発想です。

この方式でスタートするベンチャー企業の中には、手軽な試作アプリケーションを次々に立ち上げ、実際に機能した場合にはじめて会社を設立するケースも多くあります。

ナポレオン出現以前は、欧州での戦争は貴族同士の争いでした。彼らは自軍の兵士を消耗させないため、対峙したときの陣形で勝敗を判定したことさえあったのです。

ところがナポレオンは、対峙したときの静的な陣形ではなく戦闘が開始されて両軍が入り乱れる状態に好機を見出していました。この変革により、ナポレオン以前の貴族将軍たちは、彼の戦い方に巻き込まれて大混乱を迎えます。

リーン・スタートアップの概念自体は、二〇〇八年にアメリカの起業家エリック・リースが提唱していますが、ビジネスの開発・マネジメント手法として多くの新規プロジェクトの立ち上げに参考となるものです。

何も実際に動かず、仮説のプランニングと検討に時間を長く費やす旧発想の企業は、リーン・スタートアップの企業が小さく動いてユーザーの反応を確かめる段階でもまだ腕組みしています。様子を見てばかりなので、先に始めた側が大成功を収めるのです。

二〇一〇年にスタンフォードの大学生二人が立ち上げた写真加工・共有サービスのインスタグラムは、数年後には時価総額で四〇〇〇億円を超える巨大なネットワークとなりました。彼らは五年も一〇年も計画に時間を費やさず、ふとした思いつきでプロトタイプを立ち上げてユーザーを獲得し、その反響を事業拡大の推進力にしたのです。

「静的」な議論やプランニングを好むビジネスマンは、「動的」な状態から始まることが得意な側に常にスピードで圧倒的な差をつけられます。

全軍の機動力を高め、戦場での陣形変化に迅速な判断を次々下すナポレオンは、欧州で周辺国の大軍を何度も打ち負かしました。

「考えるばかりで始めない」姿勢は、試験運用をすぐ開始して試行錯誤から始める側からすれば、好機をつかめない〝のろまな亀〟となってしまうのです。

ナポレオン・ボナパルト

一七六九年、コルシカ島に生まれる。フランス革命の前後で戦闘指揮官として才能を発揮し、欧州を席巻。フランス皇帝となるも在位一一年で栄光の座を失い流刑となる。

20

ホレーショ・ネルソン【トラファルガー海戦】
即興で判断できる組織は天才を凌駕する

Strategy

全員経営戦略

ネルソンはなぜ、天才ナポレオンを倒せたのか？

欧州をナポレオンとフランス陸軍が席巻し始めると、世界の海を支配するイギリスがナポレオンの前に立ちふさがる。ネルソン提督は陸とは異なる海という舞台で、なぜ戦争の天才・ナポレオンに二度も勝てたのか？

●イギリス海軍を象徴する英雄、若き日のネルソンの軌跡

ナポレオンは何度も対仏大同盟と戦いましたが、ナポレオン戦争で重要な役割を果たした国の一つはイギリスでした。そのイギリスの英雄の一人がホレーショ・ネルソンです。彼は一七五八年にイングランド西部のノーフォークで生まれます（ナポレオンより一一歳年上）。貧しい家だったため、軍属だった叔父を頼り一二歳から海軍に入ります。

少年期から名誉を重んじる気質を発揮し、勇敢かつ大胆な行動力をもつ軍人となっていきます。若くして東インド、カリブ海、カナダなどの海域で勤務、フランス革命の翌年一七九三年一月には、六四砲門を持つアガメムノン号の艦長となり、地中海方面に勤務します（この年ネルソンは三五歳、ナポレオンは二四歳だった）。

ネルソンとナポレオンは、実は不思議な因縁を持っていました。当時、ナポレオンが生まれたコルシカ島は独立運動が盛んでしたが、島の有力者でイギリス信奉者のパオリという人物と、フランスの士官学校で学び、コルシカ島に戻ったナポレオンが対立。共に島の独立を志向しながら、九三年六月にナポレオンは島から追われます。

ネルソンは同島を巡りフランス海軍への妨害戦闘を何度も行い、九四年には島の攻略戦闘中に砲弾が至近距離に落ち、破片で右目の視力を失っています。一七九七年にスペイン艦隊との戦闘で、右ひじ貫通の銃撃を受けたことで切断し、隻腕《せきわん》となります。

隻眼、隻腕の提督、フランスの大艦隊に二度の勝利を飾る

対仏大同盟の打破に燃えるナポレオンに対して、当時世界の海を支配したイギリス海軍の海戦術の結晶であるネルソンは、大きく二つの海戦で劇的な勝利を収めました。

①一七九八年のナイル海戦（エジプトのアブキール湾で行われた）
②一八〇五年のトラファルガー海戦（スペイン沖ジブラルタル海峡）

一七九八年にナポレオンはイギリスのインドへの連絡拠点の攻略を目指してエジプトに上陸、フランス軍を運んだ艦隊はアブキール湾に停泊していました。浅瀬を背に一列に守備隊形を取る艦隊に、ネルソンは一部を浅瀬側に進入させ、さらに二隻で一隻の敵を集中攻撃する方法で撃破。一二四砲門を持つフランス海軍の巨艦も撃沈し大勝利を収めます。

一八〇五年、海上封鎖をするイギリスに対して、ナポレオンはイギリス上陸軍を準備し、スペイン・フランス艦隊に牽制を命じます。しかしスペインのジブラルタル海峡近くのトラファルガー岬を航行中に、ネルソン艦隊による二列縦陣の突撃を受け、半数以上が破壊・拿捕され壊滅。ナポレオンはイギリス上陸作戦を断念することになりました。

この海戦のさなか、敵の狙撃手によりネルソンは被弾。戦場でその生涯を終えました。

●海戦の達人ネルソンが、フランス軍に見出した二つの弱点

当時は戦艦の左右に砲門が開いていたことで、海戦では互いに縦列で船の横腹を見せながら砲撃し合うことが普通でした。ところがネルソンは、海戦に慣れたイギリス艦隊の操艦・砲撃技術を信じ、二縦列で突撃して敵を混乱させ、その後の接近戦は各艦の判断でフランス戦艦を攻撃する奇策を選びます。

ネルソンはこの戦法の成功のために、各艦の艦長と何度も夕食会などを通じて意思疎通を図ります。作戦に対する詳しい検討をくり返したのち、ネルソンは彼らが自発的な判断で戦闘を行えるようにしたのです。

ネルソンの行動から、彼が敵の艦隊に二つの弱点を見出していたことがわかります。

①多勢であることを頼み、戦闘意欲と工夫が各艦になかった
②定石の陣形に依存している

ナイル海戦でフランス軍は、艦隊の結束を乱されないため各艦を鎖でつないでいました。トラファルガーでは指揮権がヴィルヌーブ提督に集中し、旗艦の指示がなければフランス連合軍は自由判断が許されませんでした。しかし海戦では陸戦のような一糸乱れぬ行軍は難しく、作戦の目標を把握したのちは、各艦の判断で戦うほうが有利だったのです。

「わが部下の提督ならびに艦長たちは、接近戦で決定的打撃を与えることがまさに私の狙っているところだと理解しているから、信号が不十分でも大丈夫だし、私の狙いに沿って行動してくれるだろう」（ロバート・サウジー『ネルソン提督伝（上）』より）

ネルソンは数で優るフランス艦隊に定石とは違う戦闘を仕掛け、個別の艦の自発的な判断と活躍を引き出す形で劇的な勝利を収めたのです。

●自律分散イノベーション企業の「全員経営」が生む即興の判断力

経営学者の野中郁次郎氏と、経済ジャーナリストの勝見明氏の共著『全員経営』には、個人が組織に隷属するのではなく、自立的に優れた判断を下す〝全員経営〟という概念が提示されており、その中にシスコシステムズCEOの言葉が紹介されています。

「シスコシステムズは、グローバル大企業の最もよいモデルになれる。リーダーたちが有機的に生まれ、中央の統制から自由になり、自立分散的にアイデアを生み出すエンジンに

なる」（野中郁次郎／勝見明『全員経営』より）

ネルソンは提督として自ら方針を決め、それを浸透させたあとは各艦隊の艦長にすべての判断を任せています。組織の多勢を頼み、陣形という型に依存したフランス艦隊とは真逆であり、シスコシステムズＣＥＯの意図とネルソンの作戦は共通点を感じさせます。

前出の『全員経営』には、会社更生法を適用して倒産し、稲盛和夫氏が会長に就任して再生に見事に成功した日本航空（ＪＡＬ）のケースも紹介されています。

・幹部の意識を変えたリーダー教育（課長クラスまで計三〇〇〇名が受講）
・ＪＡＬフィロソフィを自分たちでつくり上げる
・稲盛氏自身も現場で意識改革を熱く説いた

これらの活動で浸透した新たな意識は、二〇一一年三月の東日本大震災でも発揮されます。ＪＡＬフィロソフィの「人間として何が正しいか」「一人ひとりがＪＡＬ」などを元に機内に閉じ込められた乗客のために炊き立てのおにぎりをつくったり、被災地に向かう日本赤十字の救援スタッフに、心温まる慰労のアナウンスを行ったりしたのです。

ＪＡＬの社員の心温まる行動に、多くの顧客が感動の声を寄せ、業績は二か月後の五月には黒字に転換していきました。上からの一方的な指示にただ従うのではなく、ＪＡＬの社内に自ら状況判断を行い実践する、多くのリーダーが育った成果だったのです。

ナポレオンは指揮官として、戦場の変化に巧みに対処しました。彼はイタリア戦役でも窮地に陥ったとき、数日のうちに新たな作戦を書き上げて逆転しています。

しかし彼はその天才ゆえの自信と、急激な領土拡大のため、手足となる将軍・参謀・指揮官に高い柔軟性や優れた判断力を育むことができませんでした。そのため、ナポレオンがいない部隊は、上意下達に依存する硬直性があったのです。

海戦は陸戦と異なり、早馬などの伝令は使えません。ネルソンは海戦の制約条件から、各艦が乱戦で自律的に戦える、柔軟な命令系統を現場に築き上げていたのです。

ホレーショ・ネルソン

イギリス海軍提督。一二歳から海軍に入隊し、世界各地で海戦経験を積む。フランス革命前後に急拡大するナポレオンの勢力を数度の海戦で撃破するも狙撃により戦死した。

21

大組織×スピードの両立がイノベーションを生む

ヘルムート・モルトケ【普仏戦争】

巨大組織プロイセンは、「規模と速さ」をどう両立できたのか？

ナポレオンの席巻で、欧州は大きな変動を体験する。ドイツ連邦の統一を目指すプロイセンは、フランスで第二帝政を行うナポレオン三世に立ち向かうことに。どのようにプロイセンは六五年前の雪辱を果たし、ドイツ統一を成し遂げたのか？

Strategy
規模速度両立戦略

ナポレオン戦争で、バラバラになったドイツ諸国

現在のドイツ周辺に存在した神聖ローマ帝国は、一七世紀以降は三〇〇以上の主権を持つ領邦国家となっていました。帝国は一八〇五年のアウステルリッツの戦いでナポレオンに敗れ、フランツ二世が帝位を自ら放棄して崩壊します。

ナポレオンは三〇〇あまりの国家群を整理・統合して約四〇の独立主権国家を形成し、

そのうちの一六か国でライン連邦を結成。みずからがその保護者の地位につきます。

ナポレオン失脚後の一八一五年、三五君主国と四自由都市によるドイツ連邦を結成。しかし、これも独立主権を持つ国家のゆるやかな連合体にすぎませんでした。

ドイツ連邦にはオーストリア帝国、プロイセン王国などが含まれていましたが、一八三四年にプロイセンを中心に関税同盟が結成され、プロイセンが求心力を次第に発揮していきます（最終的にドイツ統一が完成したのは一八七一年〔日本の明治四年〕）。

鉄血宰相ビスマルクと、ナポレオン三世の干渉

一八四八年二月にフランスで市民革命が起き、ドイツを含めた周辺国にも三月革命と呼ばれる自由主義革命が波及。フランスでは第二共和政が始まり、二年前には投獄されていたナポレオンの甥ルイ・ナポレオンが大統領に就任します（のちのナポレオン三世）。

ナポレオン三世は、隣国が強くなることを望まず、プロイセンとオーストリアの対立を煽りながら、漁夫の利を得ることを狙い干渉します。

一八六二年、プロイセンでは地主貴族出身のオットー・ビスマルクが首相に就任。彼は保守主義者で王権・貴族権力を保持したままプロイセン国権の拡大を狙います。

「現下の大問題は言論や多数決――これが一八四八年～四九年の大錯誤であった――によってではなく、鉄と血によってのみ解決される」（望田幸男『ドイツ統一戦争』より）

彼は有名な「鉄血演説」を就任後に行います。ビスマルクは敵対するフランスと戦争を行い、統一気運を高め、南ドイツ諸国を含めプロイセン中心の統一実現を狙います。

●国境に先に大軍を集中させたほうが勝つ、と見抜いたモルトケ

一八〇〇年に生まれ、プロイセン軍で着々と軍歴を重ねていたのがヘルムート・モルトケです。彼はオスマン帝国やエジプトに軍事顧問として派遣され、戦場を知る軍人でしたが、ナポレオン一世やクラウゼヴィッツの戦略論を研究し、勝利に「軍の移動」が重要な要素であることに気づきます（クラウゼヴィッツは一八三一年に死去）。

一時鉄道の管理に関係して、鉄道輸送の軍事利用に最初に着目した人物となりました。

モルトケとビスマルクには、三つの戦勝があります。

①対デンマーク戦争（一八六四年）
②対オーストリア戦争（一八六六年）
③対フランス戦争（一八七〇～七一年）

緒戦に勝利して動員兵力が急増、次はフランスとの国境にいかに迅速に兵力を集めるかが課題でした。

一方のナポレオン三世は、敵が集合しないあいだに各個撃破を狙っていました。決戦を前にして、モルトケは四つの優位点をつくり上げていきます。

①全軍への指揮命令系統の徹底（若手参謀を集めて教育して各軍に赴任させた）
②戦場への鉄道網の整備と輸送効率（フランスは四本、プロイセンは九本）
③分進合撃（別々の地点から発進して、ある地点で全軍が集中して攻撃）
④銃剣突撃の白兵戦の思考からの脱却（経験から火力・火砲の活用重視）

フランスは宣戦布告の夜から常備軍を戦地に輸送し、初期の七月二八日頃は、フランス軍側が優勢でした。ナポレオン三世は準備の整わない敵への攻撃を命じますが、諸将が

「準備不足です」と抵抗したため四日後に攻撃を変更。最初で最後のチャンスを逃します。

輸送の問題からフランス軍の食糧到着は遅れ、傷んだり腐ったものが続出。開戦の八月二日以降は、プロイセン軍は加速度的に戦力が到着、電信など通信網での全部隊への意思疎通、鉄道による武器食糧の補給の点で、プロイセン軍が優位な状態で戦闘は推移します。

意思疎通のとれた速い大軍にフランス軍は各個撃破され、ナポレオン三世は退却、立てこもる要塞も包囲攻略されフランス軍はついに降伏します。

●大規模とスピードを両立させる組織運用の逆転時代の到来

ナポレオンとクラウゼヴィッツが確立した大軍動員法を、モルトケが進化させたのです。大軍のほうが少数よりも統制がとれ、迅速に決断し、集合進撃が速い新たな時代が到来します。

「四十九万の大軍を風車の如くふりまわし、三〇万のフランス軍に完勝」（大橋武夫『参謀総長モルトケ』より）

プロイセンは予備役兵の比率が高く、召集の初期だけ遅れを取りましたが、以降は大軍にもかかわらず戦場への集中が速く、意思決定も迅速で、大軍のプロイセン側がフランス軍をスピードで圧倒して各個撃破したのです。

ビジネスにおいても、規模の大きい組織のほうが決断も速く管理が行き届き、扱う点数の多いショップのほうが配送も迅速という逆転現象がすでに広く起きています。

重要な点は、精神論や肉体的努力ではなく〝構造改善〟で速さを実現することです。

ネット通販のアマゾンでは、最近では注文当日に届くプライムサービスを始めていますが、物流センターでの取り扱い量の増加と、スピードアップの両立を目指しています。物流センターでロボットが作業者の前に商品を持ってくる有名なＫＩＶＡシステムや、最近では無人飛行機（ドローン）を使った配送実験でも注目を浴びました。

扱う点数が多い巨大企業のほうが、小規模な企業よりも迅速になれる時代なのです。

・京セラのアメーバ経営など、優れた経営管理手法
・物流センターの進化や製造工程の洗練による移送効率
・店舗ごとの販売・発注分析など、意思決定を効果的に分散させる仕組み

・精神論や努力主義から脱却し、ＩＴなどシステムを有効活用する流れ

ナポレオンの時代は、少数精鋭が速さで大軍を打倒していましたが、七〇年後のモルトケの時代には大軍が速さと統率を身に付け隙なく圧勝したのです。

「規模と速さの両立」は現在もイノベーションが急速に進展している分野であり、企業が巨大化しながら速さを洗練させて、規模の小さな企業を各個撃破する時代が到来しつつあるのです。

ヘルムート・モルトケ

デンマーク戦争で頭角を現し、ビスマルクから軍事面で強い信頼を寄せられた。鉄道による軍の迅速化と集中、有名な「分進合撃」戦術を活用し勝利、ドイツ統一に貢献した。

第7章

西洋列強との戦いから「情報活用力」を学べ

——正しいファクトを集め勝利の核を見抜く慧眼

Strategy

情報活用戦略

22

林則徐【阿片戦争】

情報の正しさと新しさが戦略の質を左右する

なぜ、清は一方的にアヘン戦争でイギリスに敗れたのか?

中国の清王朝との貿易で、赤字を続けたイギリスはやがて阿片を導入し三角貿易で利益を得る。治安や風紀の悪化と銀の流出に苦慮した清王朝は、林則徐を抜擢して阿片の取り締まりを強化。ついに阿片戦争が始まる。待ち構える清軍に対して、イギリス軍はなぜ圧勝できたのか?

●貿易赤字の解消に、清国へアヘンを持ち込んだイギリス

朱元璋が開いた明王朝は三〇〇年近く続きました(秀吉の朝鮮出兵に援軍を出した中華王朝は明だった)。しかし末期には、大干ばつによる農民反乱で崇禎帝《すうていてい》は自殺し、ついに王朝は崩壊します。

明の北方国境を守備していた部隊が異民族の清と連合して、首都北京の農民反乱軍を襲

い、これを壊滅させます（一六四四年）。ところが清は、占領した北京をそのまま自分たちの首都にしてしまい、明の制度を受け継ぎ中国支配を開始します。

一七〇〇年代からイギリスなど西洋諸国の海運能力が高まり、清とも本格的な貿易を始めましたが、ヨーロッパに喫茶の習慣が広まり始め、茶の需要が急増します。

イギリス側は、中国人がほしがる輸出製品がなく、現金決済のため銀が使用されました。しかし膨張する貿易赤字の解消に、イギリスはインド産の阿片を中国に輸入し始めます。それにより、阿片中毒者が中国で増え、海外流出で銀価格が高騰、国庫圧迫と社会混乱を招きます。

一八三九年、道光帝の命令で、林則徐《りんそくじょ》は密輸阿片を没収して処分します。阿片の密輸を禁じる誓約書をアメリカなどの商人は提出して交易を続けましたが、イギリスの貿易監督官チャールズ・エリオットは、自国の商人に誓約書の提出を禁じます。エリオットは誓約書を拒み続け、イギリスに軍艦の派遣を求めて紛争に拡大します。取り締まりで供出された阿片は一四二五トンにもなり、塩と石灰で廃棄処分されました。

林則徐は着任と同時に、情報収集として外国事情を研究させます。

「林則徐による外国情報の収集に関して特筆すべきことは、英文資料を中国語訳させて収

集したことである。当時、林則徐のもとには数人の英語に通じた中国人がいた」（井上裕正『林則徐』より）

広東《かんとん》で発行されていた英字新聞、世界地図、国際法などが中国語に翻訳され、知人の魏《ぎ》源《げん》は外国事情と国防情報をのちに『海国図志』という書にまとめています。なお、この書は一八五〇年に日本の長崎に伝えられ、幕末の知識人に海外の脅威を伝えます。

阿片禁輸の誓約書に署名を拒否したエリオットは、イギリス軍艦二隻の力を借りて、一八三九年九月の九竜沖砲撃戦、一一月の川鼻海戦で清の船団に大打撃を与えます。イギリス軍艦の装甲は厚く、清国の砲撃では簡単に貫通しなかったのです。

イギリス議会では派兵予算案について意見が割れます。保守党の議員は「このような不義の戦争には、たとい勝ってもいかなる栄光もえられない」（陳舜臣『実録アヘン戦争』より）として反対しますが、僅差の賛成票で出兵が決定されます。

●防衛力の高い広州に固執せず、北京に近い天津港を目指す英軍

林則徐は英文翻訳で相手を知り、広州の海防力も強化していたことで、紛争が勃発して

も適切に対処できると強い自信を持ち、ある手紙で次のように述べました。

「エリオットの立場になって考えると、もう打つ手は何もないと言うべきだろう。なのにかれがまだ改心しないのはまったく理解できない」（前出書より）

しかし林則徐は二つのことを見逃していました。一つはイギリス本国が、違法なアヘン貿易に加担するはずがないという林則徐の予測は大きく外れ、国益のため大艦隊を派遣したこと。

二つ目は、イギリスのアヘン商人が林則徐に没収された阿片の補償のため、英外相パーマストンに中国の海図・地図など最新の戦略情報をロンドンに届けたことです。

一八四〇年にイギリス軍艦が中国に到着、林則徐が軍備を一番増強した広州は海上封鎖のみで、北上して清国の要塞を撃破しながら首都北京の目の前にある天津港を目指します。天津港への巨大軍艦の出現で、皇帝と側近は怯えて林則徐を罷免してしまいます。

英国側との交渉を担当した後任の人物は、広州につくと林則徐が固めた軍備をことごとく縮小。一方の英国は交渉を有利にするため、清側の二つの砲台を砲撃で破壊します。

英国側の要求が厳しいことで、清の皇帝が態度を硬化させて何度か戦闘が行われますが、軍備を縮小したことで、清軍はどの戦場でも瞬時に壊滅し、住民が蹂躙《じゅうりん》されました。相次ぐ敗戦と悲惨な被害に皇帝も折れ、ついに一八四二年八月、南京条約を結びます。

●戦略立案の根拠となる情報は、最新の現実を広く反映しているか

林則徐は、着任後からイギリスの情報を集めましたが、阿片禁輸の措置は、外国翻訳の最新の情報を織り込むことができず、遅すぎた情報は対策には活かされませんでした。

一八三四年、阿片戦争勃発の六年前に「ネーピア事件」という騒動が広州で起こります。イギリスの商務監督ネーピアが、清に広州以外の貿易開放などを要求した事件です。ネーピアは二隻の軍艦を呼び、虎門砲台という清の防衛関所を突破してしまいます。

たった二隻の軍艦を阻止できなかった砲台に皇帝は激怒しますが、軍事技術の性能差は、阿片戦争の六年前にはっきりと露呈しながら、具体的な対策はされませんでした。

林則徐とイギリスのエリオットや英本国では、戦略立案の根拠となる情報の「新しさ」と「広さ」が異なりました。林則徐は情報を集めながらも古い外国認識から戦略を立て、イギリスから艦隊が来航した新たな現実（新情報）にも反応していません。

一方のイギリスは林則徐が固めた広東の軍備を前提に戦略を立て、首都北京まで進行し

て皇帝に圧力をかけるという、広い情報認識のもとで戦略を立てています。

イギリス側は東洋艦隊を派遣し、四〇〇〇人を含む大軍を差し向けています。北京の玄関口の天津港まで一気に向かう周到さに対して、林則徐は古い情報から立てた戦略に依存して、新たな事態とのギャップを「根拠のうすい自分の楽観論」で補ったのです。

情報の新しさと精度は戦略の質を左右する

ファーストファッションと呼ばれるZARAは、毎年最新のトレンド服を開発していますが、その販売戦略はユニークです。製品デザインから店舗に並ぶまでの期間を武器とするため、企画から店舗まで最短一週間から二週間で出荷される仕組みです。

この仕組みのメリットは、先週売れた製品の情報を元にデザインを行い、二週間後にはその製品が店頭に並び消費者を魅了する、戦略立案時の情報の新しさにあります。

幅広い情報から業績を改善した事例に、ポルシェ社があげられます。一九九〇年代に破産寸前だった同社は、CEOヴィーデキングの改革で元トヨタ経営陣を二名招き、現在ではエンジンをドイツ、その他の部品を他国の低コスト工場で組み立て完成させています。

二〇〇三年以降は世界で最も収益率の高い自動車メーカーの一つとなり、営業利益率ではフォルクスワーゲンの四倍以上を誇ります（ポルシェは二〇一二年にＶＷグループ傘下に）。スポーツカーメーカーという古い枠組みを超え、広く産業全体の生産革新を採り入れて、業績を急上昇させることに成功したのです。

林則徐は当時の官僚としては、阿片禁止に真剣に努力した人物でした。しかし任務を与えた皇帝と共に、状況認識が甘すぎて「古い情報」「視野の狭い情報」だけで猛進したといえます。林則徐は古く狭い情報から立てた戦略と事態の推移のギャップに対応せず、楽観的な思い込みで補いましたが、現実の結果は悲惨なものに終わりました。

大国清が欧州列強の脅威を軽視して敗れたことは、日本人に強い危機感を与えました。欧州列強の侵略の順番が逆であれば、日本と中国の歴史は大きく変わったと思われます。情報の新しさと幅広さは、立案される戦略の質に大きな違いを生み出すからです。

林則徐

清王朝末期の官僚。皇帝が阿片禁止への意見を地方行政官に求め、賛成したことから抜擢され、阿片取り締まりの指揮者となる。書籍『海国図志』成立のきっかけをつくった。

23

大村益次郎【戊辰戦争】
変革は「核となる強み」を見抜けるかどうかで決まる

混成の新政府軍が、なぜ軍事集団の幕府軍に勝てたのか？

阿片戦争で清がイギリスに敗れたことは、日本に伝わり海防への危機感を高めた。日本最後の内戦である戊辰戦争で、徳川幕府と維新勢力の薩摩・長州が激突する。元医者の大村益次郎を参謀に、庶民との混成軍である維新側は、なぜ軍事集団の幕府軍に勝てたのか？

Strategy
コア・コンピタンス戦略

海外列強の脅威に直面した、徳川幕府と薩摩・長州の駆け引き

一六〇〇年から続く徳川幕府は、鎖国政策で通商条約などの締結を拒絶していました。しかし一八五三年に、アメリカ海軍のペリーが艦隊を率いて来航、流れが変わります。幕府は各藩に陸・海上を警備させますが、剣術修行で関東にいた若き日の坂本龍馬も召集に応じています（翌年の再来航でアメリカと条約を結び、日本の鎖国が終わった）。

京都の治安が乱れて、幕府は一八六二年に会津藩を京都守護職に任命、浪人組織の新撰組と共に治安維持を命じます（江戸には同様な〝新徴組〟という浪人組織があった）。

権威のゆらぐ幕府は、朝廷と結びつき権力を一本化して、徳川家を存続させる「公武合体」を目指します。有力藩だった薩摩藩は会津藩と同盟して公武合体派を強化、倒幕派の長州藩はこれに危機を感じ、一八六四年に京都で会津藩と交戦します（禁門の変）。

会津・桑名・薩摩（西郷隆盛が指揮）・新撰組などの〝幕府側〟が長州軍を撃退する中、長州側の弾丸が御所に入ったことで長州は朝敵となり、わずか二日後に第一次長州征伐が行われ、長州藩は戦わずして降伏します。

長州藩の劣勢を逆転させたのが坂本龍馬です。イギリスの貿易商トーマス・グラバーの後ろ盾を得た龍馬は、遺恨のある薩摩と長州を結び付け、一八六六年に薩長同盟が成立。龍馬の会社、亀山社中は軍艦や西洋の武器を両藩に調達します。

長州の不穏な動きに幕府が行った第二次長州征伐は、薩摩藩が参加せず、さらには長州藩（高杉晋作が指揮）が龍馬の調達した洋式武器を装備したことによって失敗し、幕府の権威が完全に失墜したことを示すことになりました。

一八六七年、ついに大政奉還が行われますが、薩長は旧幕府勢力を一掃するために挑発を重ねます。挑発に耐えかねた旧幕府軍は薩摩藩邸を焼き討ちし、大坂の徳川慶喜を中心に京都への上洛を決定。長州藩は朝廷から赦免《しゃめん》を受け、旧幕府軍が上京すれば「朝敵」とするとの布告を得て、今度は薩長が旧幕府軍を〝朝敵〟にする立場の逆転に成功します。

●村医の息子、大村益次郎が幕末維新を生み出す軍師となった理由

第二次長州討伐を含め、長州軍の度重なる勝利に貢献したのが軍略家の大村益次郎《ますじろう》です。大村は医者を目指し当時有名だった広瀬淡窓《たんそう》や緒方洪庵《こうあん》に学びます（一八四六年）。しかし洪庵の「上医は国の病を治す」との言葉から、帰藩後、西洋兵術の翻訳・研究に従事。やがて彼は長州藩の軍制改革の指導者となっていきます。

大村を軍略家に押し上げたのは、西洋兵学の核心をつかんでいたことです。大村の戦略の根幹には「最新式の銃・火砲の性能を最大限に活用する」という発想がありました。最新の銃や大砲は命中精度が高く射程距離も長いので、上野の彰義隊との戦いのアームストロング砲のように、相手の攻撃が当たらない距離で敵に打撃を加えられたのです。

欧州では一八〇〇年代初頭のナポレオン戦争から火力を中心とした兵制の三兵戦術（歩兵・騎兵・砲兵を統合して指揮）が研究され、大村もオランダ人クノープの兵学書を翻訳して長州藩で講義に使いました（書籍名は『兵家須知戦闘術門』）。

大村は自らのつかんだ核心を元に、新時代の軍制をつくり戊辰戦争で勝利を重ねます。

- **武士だけでなく農民も武装・訓練を施して戦力とした**
- **すべての兵士に銃を持たせ、年式を統一して弾薬の補給を効率化した**
- **新式銃を使い、うつ伏せの体勢で物陰に隠れて敵を攻撃**
- **敵の攻撃が届かない遠方から撃ち、優勢な火力で一方的に打倒する**

京都の鳥羽・伏見の戦いの旧幕府側の指揮官は竹中重固《しげかた》でした。彼は秀吉の軍師として有名な竹中半兵衛を先祖に持ち、桑名軍には一二代目服部半蔵が率いる部隊もありました。

幕府側は、当時最強の会津、桑名藩でも武装は刀や槍を重視しており、一部に最新鋭の銃砲隊があるも、指揮官が古い戦闘法しか知らず、合理主義の薩長に敗退します。

同時代に最新式の銃や大砲、西洋兵学に触れた者は何人もいましたが、大村の軍事指揮と兵制改革は群を抜いて優れていました。彼は勝利を左右する要素を正しく見抜いており、重火器の最大活用以外に目もくれず、兵士が差した刀を無駄と断じていました。

長州討伐で幕府軍を迎え撃つとき「大村の出で立ちは、草履ばきに浴衣姿、渋団扇を手にするという型破りのものだった」とされています（ＮＨＫ取材班・編『その時歴史が動いた〈18〉』より）。

これは西洋の武器に敗北を続けた新撰組の土方歳三などが、のちに洋風の服装に切り替えたことと、ある意味で対極を成す姿ではないでしょうか。

オランダに軍事留学していた幕臣、榎本武揚《たけあき》も戊辰戦争では有名な人物です。彼は最新の戦艦「開陽丸」をオランダから日本に運んでいます。全長七三メートルの巨大戦艦、開陽丸はオランダ軍にも同じ船はないと言わしめた当時の最新鋭艦でした。

しかし開陽丸は、小さな海戦で圧倒的な威力を見せたものの、最大限活用をすれば戦局を逆転するほどの威力がありながら、最後は北海道の江差《えさし》港で座礁して沈没しています。

阿片戦争でイギリス海軍がわずか数隻の戦艦で達成したことを考えると、当時薩長軍にもない強力な開陽丸は鳴かず飛ばずだったといえるでしょう。

最新鋭艦という強力な武器も、相応しい運用方法がわからず宝の持ち腐れとなった一方、最新の用兵術を学んだ大村は、ゲベール銃からアームストロング砲などの威力を存分に活用して、古い軍事常識にしばられた旧幕府軍を瓦解させることに成功したのです。

●核となる強み、守るべき点と大変革をすべき点を見抜く

大村は、戦略（ストラテジイ）と戦術（タクティクス）の違いを理解していました。

「江戸湾の防禦として幕府が品川に台場を築いたことは知っておろう。あれはタクチックだけで、ストラトギイということを知らない人間がこしらえたものである」（木本至『大村益次郎の生涯』より）

右の言葉は、自らの門下生に言ったものですが、大村は本質を理解したことで、変革すべき点や無駄な点を見抜く力をもっていたのです。

スイス製の安価でファッショナブルな腕時計として有名なスウォッチは、一九八五年にニコラス・ハイエクという技術コンサルタントの発案から始まりました。

彼はスイス製でありながら、日本の独占する低価格腕時計の市場を奪い返す新製品がつくれないかと考えたのです（当時のスイス製のシェアは低価格〇％、中級三％、高級品九七％）。（ゲイリー・ハメル、C・K・プラハラード『コア・コンピタンス経営』より）

彼はアジアの競合企業にマネできない、しかしヨーロピアン感覚と落ち着きをテーマにした低価格の腕時計を企画し、一方で設計・製造・流通などは大変革に挑戦しました。スイスの古い伝統を打破し、労務費を小売価格の一％程度まで削減したのです。

さらにスウォッチの成功による利益をスイス製高級腕時計のオメガ、ブレゲなどに投入して、最新の生産管理と直営店舗を導入。高品質のイメージを維持しながら高収益を達成しています。ハイエクは守るべきものと変革するものを正しく見抜き、良き伝統の中に大変革を内包させたのです。前出『コア・コンピタンス経営』には、「市場は成熟するが、企業力は市場を超えて伸びる」という言葉があります。

大村やハイエクは異業種から参入し、その本質を捉える能力を新たな舞台で発揮した一方で、榎本武揚や旧幕府軍人は、徳川幕府という伝統と古い思考の枠に囚われており、最新の武器を手にしても、その威力を引き出すことができなかったのです。

大村益次郎

村医の家庭に生まれる。大坂の緒方洪庵の塾では福沢諭吉とも出会う。蘭学を学んだことで西洋兵学の研究を始め、戊辰戦争などで軍略家として新政府軍を勝利に導いた。

24 ベストプラクティスを集めて必勝パターンを見抜く

秋山真之【日露戦争】

Strategy
模範蓄積戦略

なぜ遅れていた日本が、大国ロシアに勝利することができたのか？

明治の日本は、鎖国時代の遅れを取り戻すように西洋諸国から猛烈に学ぶ。しかし遼東半島の権益をめぐって当時の大国ロシアと対立。圧倒的に不利な戦力差にもかかわらず、なぜ日本軍は劇的な勝利を収めることができたのか？

●維新志士たちの退場と、新時代の荒波

戊辰戦争で新政府軍の軍事を司った大村益次郎は、一八六九年に京都で暗殺されます。一八七一年には廃藩置県で古い封建制度が消滅。武士（士族）は急激な社会変化に不満を高め、維新三傑の一人、西郷隆盛は一八七七年に士族勢力と共に西南戦争を始め、九州のほぼ全域で七か月間の戦闘を繰り広げて自刃。武士の時代が終わりを迎えます。

一八九四年、朝鮮半島の権益競争から日本は日清戦争を開始。巨大戦艦を擁する清の北洋艦隊に勝ち、朝鮮半島と中国の中間にある遼東半島や台湾を植民地化します。

しかし、ロシア・フランス・ドイツが遼東半島の返還を日本に要求する三国干渉を行います。日本が清に返還後、ロシアが半島を租借地として、日露戦争の火種となります。

その後、南下政策のため遼東半島先端の旅順港を保持したいロシアと、朝鮮半島の権益が自国の国防につながると考える日本とは、次第に緊張感を高めていくことになります。

●陸上・海上で激戦を繰り広げた日露戦争

一九〇四年二月に始まる日露戦争は、遼東半島を中心に四つの戦闘が展開されます。

①ロシア軍の遼東半島への援軍南下を防ぐ陸戦
②旅順港を守る要塞と二〇三高地の攻略戦
③旅順港にいるロシア極東艦隊への海戦と陸戦
④旅順港を救援にきたロシアのバルチック艦隊との海戦

日露戦争での日本軍の進軍経路と主な戦闘

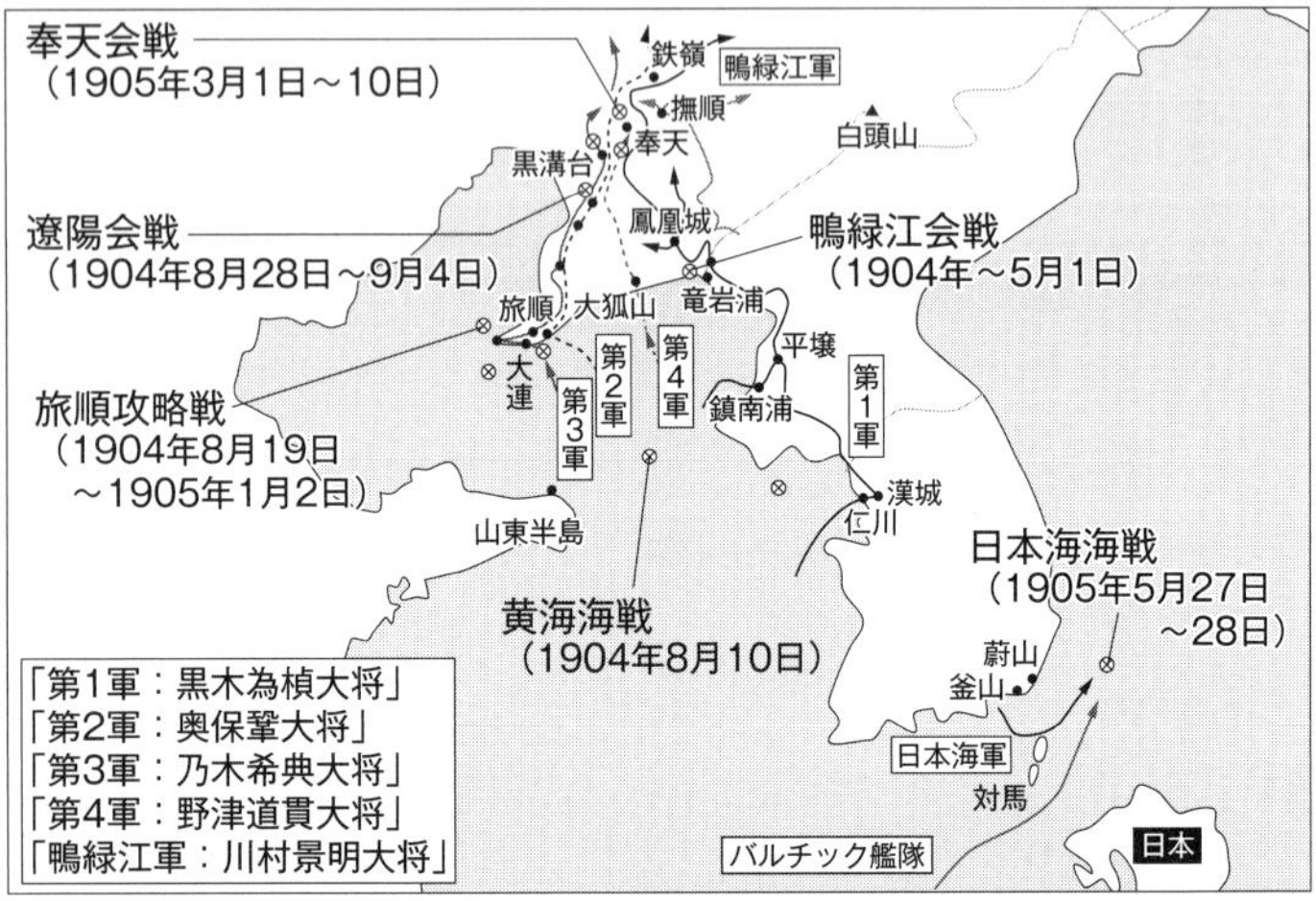

『イラスト図解 日清・日露戦争』参考

ロシアの強固な要塞がある旅順港を最初に攻撃せず、周辺地から上陸した日本軍は北上しながらロシア陸軍を北方に掃討します。この①の戦闘で活躍したのが旧薩摩藩の黒木為楨《ためもと》や旧幕府側だった立見尚文、そして秋山真之《さねゆき》の兄の秋山好古《よしふる》です。

旅順要塞を攻略する乃《の》木《ぎ》希典《まれすけ》の第三軍は、ロシア軍の要塞と機関銃の猛射で第一回攻撃にたった五日で一万五〇〇〇人以上、第二回は一〇〇〇〇人以上、第三回は四五〇〇〇人の膨大な死傷者を出して失敗。要塞の西側の二〇三高地に目標を切り替えて、さらに多数の戦死者を出しながらやっと高地を占領します。

二〇三高地攻略は「日本陸軍の頭脳」といわれた児玉源太郎参謀が指揮を執りまし

たが、児玉は大村益次郎の弟子に学び、暗殺時に負傷した大村を運ぶ体験もしています。二〇三高地は旅順港を見下ろせる高台にあり、港内のロシア極東艦隊に日本軍は大砲の猛射撃を開始。極東艦隊をほぼ壊滅させることに成功します。

これで日本の連合艦隊の残る狙いは、ロシアのバルチック艦隊の撃滅に絞られます。ロシアの南下政策を阻止したいイギリスとの日英同盟（一九〇二年）もあり、ロシア艦隊は各地で満足な補給を受けられず、半年間の苦しい長期航海と疫病などで死者が続出。万全とはほど遠い状態で来航し、対馬海峡で日本の連合艦隊と遭遇。戦艦八隻、巡洋艦九隻を含むロシア大艦隊は、五月二七日からほぼ一昼夜の戦闘で壊滅、日露戦争は日本軍の劇的な勝利で幕を閉じます。

●急速に海外から学んだ日本と、参謀秋山真之の戦略思考

連合艦隊を指揮した東郷《とうごう》平八郎は元薩摩藩の藩士で、西郷隆盛の助力でイギリス留学をした経歴を持ちます。日本海海戦の参謀として名高い秋山真之も、アメリカ留学で近代戦術や世界各国、古今東西の戦史の研究に没頭しました。左記は、秋山が渡米の際に語った言葉です。

「わが海軍は、いままで、多数の留学生を海外に送った。しかし、その先輩たちは、その国の海軍技術だけしか身につけてこなかった。わたしは外国から学び、それを越えて、エッセンスを自分が思うように使いこなすところまでいきたい」（楠木誠一郎『秋山好古と秋山真之』より）

秋山は帰国後、海軍大学校の戦術教官となり、生徒に次のように指導していました。

「古今の海陸戦史、兵術書をよく研究し、これだと思うことを自分の兵理とせよ」（別冊歴史読本『日露戦争と日本海大海戦』より）

秋山参謀の研究法は、戦史や戦略・戦術論のなかで優れたものを広く探し、エッセンスの吸収と共に最善の実践を追求する意味で「ベストプラクティス」の思想に似ています。バルチック艦隊を殲滅した有名な「丁字戦法」は日清戦争の戦闘に参考例があり、古くは瀬戸内海の村上水軍の兵書『海賊古法』にもヒントを得ています。旅順港の砲撃も、秋山が見たアメリカ軍によるスペイン艦隊の湾内封じ込めと殲滅戦が参考と言われています。

世界中の最優秀企業から学び、ベストプラクティスを実践する

秋山参謀の姿は、明治初期の日本人の戦略観を教えています。世界中の軍事史や優れた戦略書を学び、ベストのエッセンスを見抜いて、活用することが戦略と考えたのです。

「日本人はベンチマーキング、つまり各産業での最高の企業を徹底的に分析することに関して抜きん出ている。そして彼らは、継続的にパフォーマンスを向上しつづけ、やがて日本の製品とサービスを世界最高のものにまで仕上げるにいたったのである」（グレゴリー・H・ワトソン『戦略的ベンチマーキング』より）

ベストプラクティスの実践には、優れた業績を上げている企業を発見し、自社とはどう違うのかを明確にする必要があります。この作業は一般にベンチマーキングと呼ばれます。

ベンチマーキングの四つの分類

※『ベンチマーキングとは何か』より筆者要約

①戦略ベンチマーキングと業務ベンチマーキング

戦略とプロセス、どちらにベンチマークの焦点を合わせるのか

②組織レベル

トップマネジメントか下層レベルか。どの組織レベルでベンチマークを行うか

③パートナー

誰とベンチマークするのか。自社内か、業界内か、他業界か世界レベルなのか

④目的別

なぜベンチマークするのか。ビジネスの変革か、業績評価をするためかなど

焦点の一つは「最善の解」をどれほど広い範囲から深く抽出しているかです。世界の海戦を猛烈に学んだ秋山を参謀に大抜擢したことが劇的な勝利を生んだともいえるのです。彼のベストプラクティス戦略には、次の四つのポイントが読み取れます。

・人によってベストプラクティスのレベルは格段に違う。最も優れた人を抜擢する

・世界中の優れた事例を広く集め、エッセンスを見抜く
・大家の書いた兵術書を広く学び、信頼できるものをマスターする
・実践を見聞して、広く深い知識を選別活用する能力を磨く

日露戦争での劇的な勝利は、世界から学ぶベストプラクティスから生まれましたが、以降の日本は段階的に失速して、第二次世界大戦では国家的な大敗北を迎えます。

この姿は、七〇年代から八〇年代にかけて日本企業が世界市場で競争力を誇りながら、海外企業が新たにつくるイノベーションの前に産業競争力を次第に失う姿に似ています。

天才と呼ばれた秋山の戦略観は、どこでどう使うかという意味で既存戦略の最大活用であり、既存戦略を打ち破る新たなイノベーション視点を含んではいなかったのです。

秋山真之

明治維新の一八六八年生まれ。貧しい家に生まれて兄の好古と共に兵学校に入学。アメリカ留学では軍事思想家マハンに師事し、日本海海戦では参謀としてロシア艦隊に勝利した。

第8章

世界大戦から「イノベーション」を学べ

——新しい課題解決を行うブレイクスルー

25

優位性のない棲み分けはいずれ消耗戦となる

エーリッヒ・ファルケンファイン【第一次世界大戦・西部戦線】

Strategy

棲み分け戦略

なぜ、第一次世界大戦は悲惨な消耗戦になったのか？

ビスマルクとモルトケの有能な二人が世を去ると、政治感覚のないリーダーを持ったドイツ帝国は国際社会で失策を犯し始める。世界各国が一か月で戦争状態に入る悲惨な第一次世界大戦で、なぜ英仏は塹壕に隠れたドイツ軍に勝てたのか？

● 名宰相と名参謀が去り、失策を始めるドイツ帝国

普仏戦争に勝ったプロイセンは、ヴィルヘルム一世を皇帝としてドイツ統一を成し遂げましたが、次の皇帝ヴィルヘルム二世は、名宰相ビスマルクを失脚させて親政を開始。フランス封じ込め政策を軽視し、仏露が軍事同盟（一八九四年）を結ぶことを許します（ビスマルクはロシア対策としてオーストリアとも軍事同盟を結んでいた）。

普仏戦争で活躍した名将モルトケも一八九一年に世を去り、ドイツの外交と軍事は軽率な失策を重ねながら、次の三点が第一次世界大戦への伏線となっていきます。

①ドイツは仏露に挟まれたことで、一九〇五年に参謀総長シュリーフェンが「シュリーフェン・プラン」を作成。フランスを一気に攻略して次にロシアへの対抗を計画

②フランスは孤立からの脱却を図り、ロシアとの軍事同盟をさらに強化。どちらかが攻撃を受けた場合、もう一方の国は速やかに宣戦布告をすることにした

③イギリスはドイツの軍備拡大（特に海軍）を強く警戒し、一〇〇年以上の国是であるフランス敵視を捨て、一九〇四年に英仏協商、一九〇七年に英露協商を締結した

複雑な同盟関係と意図は、主要五か国だけで約一五七四万人の死者を出す地獄のような戦場、第一次世界大戦の導火線となります（山室信一他・編『現代の起点　第一次世界大戦2　総力戦』より）。

●バルカン半島の民族独立に、ロシアとオーストリアが干渉して戦火が拡大

一九一四年六月、オーストリア皇太子夫妻がセルビア人の民族運動員に殺害され、同年七月にオーストリアがセルビアに宣戦布告。セルビアの独立を支持していたロシアは、オーストリアの宣戦布告に対して軍に動員令を発令します。

ロシアの動員令に驚いたのが、オーストリアと同盟関係だったドイツです。シュリーフェン・プランは、フランスに電撃的に進軍し、勝利ののちにロシアと対峙する計画でしたが、シュリーフェンのあとに参謀総長となった小モルトケ（あのモルトケの甥）は、ロシアに先手を許せば作戦の前提が消失すると判断。八月一日にドイツ軍に動員命令を下し、同日にロシアへ、三日にはフランスへ宣戦布告します。

ドイツ軍はフランス侵攻のため八月四日に中立国ベルギーへ侵入。この侵犯を理由に同日、イギリスがフランス側でドイツへ宣戦布告。事態は混迷を深めていきます。

ビスマルクとモルトケが存命ならば、絶対に防いだ最悪の事態をドイツは招きます。二大国に挟まれて戦闘を開始し、中立国を侵犯して国際社会で大義名分を失ったのです。

フランスが西部戦線で反撃するも、ドイツの塹壕の前に膠着状態に

第一次世界大戦は、機関銃や戦車などの新兵器で死者の桁数が一つ上がった戦争でした。

「（イギリス軍に向けて）銃撃を開始したが、ただ繰り返し弾丸を装填するだけでよかった。彼らは何百人という数で倒れていった。狙う必要はなかった。ただ彼らに向かって弾丸を撃ち込むだけでよかった」（前出書より）

ドイツは八月後半にはフランスに侵入する快進撃を続けます。しかし小モルトケが西部戦線の部隊を計画よりも削減したことで、パリから七〇キロのマルヌ河畔で敵に包囲されてしまい、続くマルヌの会戦でドイツ軍の進撃は阻止されます。

ドイツ軍はマルヌの北四〇キロのエーヌ川まで後退、塹壕を築き仏軍の側面に回り込んで反撃の機会を窺います。仏軍もドイツの側面に回り込むため陣地を構築し、双方が南北に塹壕を掘り続けてなんと英仏海峡からスイスまでに達します。

一九一六年二月にドイツが仏軍のヴェルダン要塞を攻撃。両軍で七〇万人以上の死者を

出して戦況は変わらず。同年夏のソンムの戦いでは、初日で英軍は戦死者二万人を含めて六万の兵士が戦闘不能になり（ジャン＝ジャック・ベッケール他『仏独共同通史　第一次世界大戦（上）』より）、両軍で一〇〇万人以上の死者を出して、仏英側がわずかな地域を占領したに過ぎませんでした。

五月はユトランド沖海戦で、英独の大艦隊が激突するも、一方的な勝利は実現せず。西部戦線は三年近く膠着状態となり、被害を拡大しながら予想外の長期戦となります。

●あなたの打つ手は競争優位があるか、不利な消耗戦か？

真正面からの競争が、消耗戦になってしまうことはビジネスでもよく起こります。

前出の『競争しない競争戦略』では、競争するデメリットが三つあげられています。

①顧客志向から競争志向に
②価格の必要以上の下落
③組織の疲弊

小モルトケは作戦失敗を悟り辞任、後任のファルケンファインは西部戦線の膠着をみて全面勝利を捨て、長期戦で相手国に厭戦空気を蔓延させることを狙います。

これはビジネスで先行者の立場を固め、追従する企業へ「同質化戦略」を取ることに似ています。一点突破させずにライバル企業を消耗させ、撤退させることが狙いなのです。

ドイツは敵国の領内で塹壕をつくり西部戦線を構築したので、戦線を突破させず両軍が消耗すれば、先行者利益を守り切れると考えました。逆に仏英連合軍は、先行者が築いた塹壕を突破する優位性をどこかでつくり出さなければなりません。

『競争しない競争戦略』では、競争を避ける競争戦略を三つの選択肢としています。

①棲み分け（A：ニッチ戦略か、B：不協和戦略）
②共生（C：協調戦略）

ビジネスで「棲み分け」を狙うことは多いものです。しかし西部戦線は興味深いことを私たちに教えています。「棲み分け」の均衡も、有利な場合と不利な場合があることです。

・棲み分けできても、大企業が優位な均衡は、挑戦する下位企業には「消耗戦」となる

・下位企業が大手に侵食されない形で均衡を保つとき「健全な棲み分け」となる

ドイツは先行者優位によりフランスを押し切ろうとして完遂できず、均衡状態からの「消耗戦」を狙いました。しかしフランスには英米の援護があり、ドイツは一時的に均衡を保ったつもりでも、相手の優位が増すと、消耗戦を仕掛けられる立場になり敗北したのです。

これはベンチャー企業が新規性の高い技術やサービスで先行しても、後発の大企業が連合することで、一時的に保持できた均衡を潰されることに似ています。

現代ビジネスでも①優位な消耗戦か、②不利な棲み分けか、③逆転に導く健全な棲み分けか、の判断ができなければ危機が訪れます。ドイツが自らを②と見抜いたなら、膠着した戦線で、勝機はフランスを孤立させることにあると見抜けたはずなのです。

あるいは棲み分けが消耗戦に陥るのを防ぐため、コスト削減などの効率化を目指す、さらに新たな棲み分け分野を開拓強化するなどの策が必要だったのです。

「コスト削減と効率化」とは、自軍の損耗率が低い戦闘を指します。東部戦線のタンネンベルクの戦いでは、ロシア軍の損害が一二万五〇〇〇人に対してドイツ軍は一万五〇〇〇人程度、マズール湖の戦闘でもロシア軍の一二万五〇〇〇人に対してドイツ軍は約一万人

棲み分け戦略　消耗戦にならずに棲み分ける

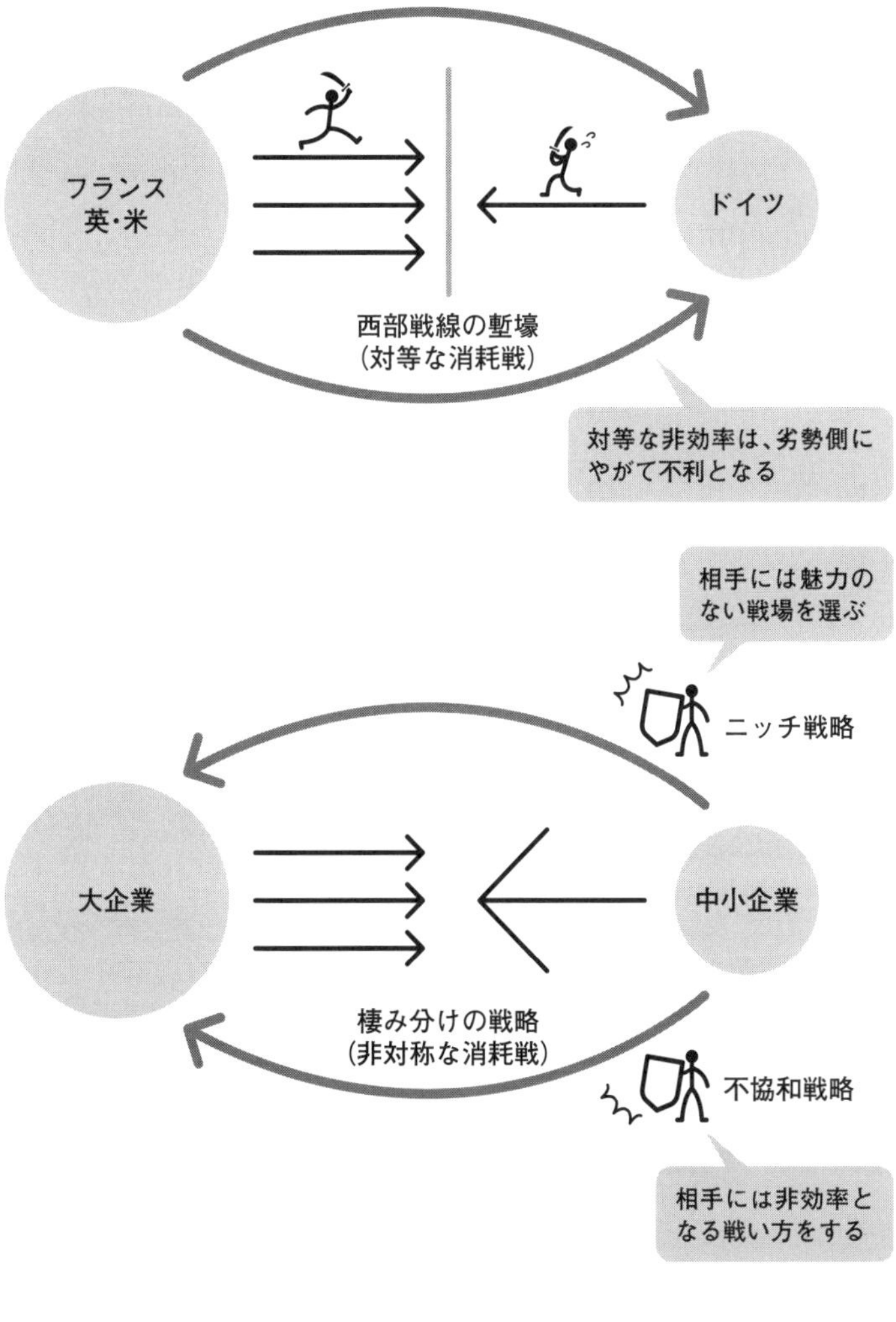

の犠牲者でした（強大な国力を誇るロシア軍も、この損耗で東部戦線は崩壊します）。

ところが西部戦線ではドイツ軍と仏英軍は、一つの会戦で同程度の戦死者を出しています。両軍が共に出血する戦闘では、規模の大きい軍団を持つ側が相手に「消耗戦」を仕掛けていることになり、均衡はやがて仏英米の連合軍に有利に傾いていきます。

エーリッヒ・ファルケンファイン

小モルトケ辞任後にドイツ参謀総長を務める。膠着した西部戦線を見て攻撃から塹壕による消耗戦に切り替える。仏英を食い止めて外交での終戦を主張したが解任された。

26 大は小を常に消耗戦へと引きずり込め

アレクセイ・ブルシロフ【第一次世界大戦・東部戦線】

Strategy
広域浸透戦略

なぜ東部戦線で、ロシアはドイツの局所集中戦略を打ち破れたのか?

ロシアの大軍と戦う東部戦線では、ドイツが損耗率の高い戦闘を仕掛けてロシア軍に多数の戦死を強いる巧妙な指揮を続けます。ロシアの英雄ブルシロフ将軍は、ドイツとオーストリアの巧みな局所集中戦に、どうやって逆襲したのでしょうか?

日英同盟を盾に、ドイツの太平洋権益へ野望を抱く日本軍

一九〇五年の日露戦争に勝った日本は、アメリカの仲介で講和を結びます。賠償金は獲得できなかったのですが、満州鉄道などの権益を手に入れました。

日本は日英同盟により、第一次世界大戦では開戦直後の八月二三日にドイツへ、二五日にはオーストリアへ宣戦布告します。

イギリスがドイツ武装商船撃破と限定して日本に参戦を要請するも、日本はアジアからドイツ勢力を一掃すると回答。日本の強い野望を感じて、イギリスは一時要請を取り消します（慌てて日本は戦域を限定、イギリスの了解を得て二三日に宣戦布告をした）。開戦の秋には日本はドイツ領有の南洋諸島や青島を占領、欧州でドイツの進軍が阻止されたことを見て、日本は翌一九一五年に中国へ二一カ条の要求を行います。

第一次世界大戦は、第二次世界大戦の主役たちが登場した戦場でもありました。アドルフ・ヒトラーは第一次世界大戦を志願兵として戦い、敵の毒ガス兵器で一時失明しています。

第二次世界大戦で「砂漠のキツネ」と呼ばれたロンメルは、ドイツのベルギー侵攻に参加した若年兵でした。のちにイギリス首相として活躍するチャーチルは、第一次世界大戦では海軍大臣としてドイツへの宣戦布告をいち早く主張しています。

東部戦線で、巨大なロシア軍と対峙するドイツとオーストリア

時計の針を戻して、開戦直後の東部戦線を見てみます。一九一四年八月一五日、ドイツの予想を超える速さでロシアは進軍して、一時的にドイツ国境地域を占領します。

小モルトケは東部戦線の指揮官にヒンデンブルグ将軍を指名、彼と参謀のルーデンドルフは、ロシア軍の無線を傍受して敵軍の位置を正確に把握、ロシア第二軍を八月末に包囲して殲滅、さらに転進してロシア第一軍をマズール湖畔で撃破します。

ロシア第一軍と第二軍の合計は四〇万人、ドイツ第八軍（一二万）の三倍の戦力にもかかわらず、ドイツ軍は迅速な集中と各個撃破で壊滅的な打撃を与えます。

大戦の引き金を引いたオーストリアは、開戦直後はロシアによく対抗しますが、翌九月の戦闘でロシアに大敗し、北東部の陣地を放棄して退却。開戦後一か月で戦死二五万人、捕虜約一〇万人と悲惨な状況を迎えます。

ロシア軍を粉砕したドイツの第八軍の一部が救援のため鉄道で一二〇〇キロを移動、九月末には三倍以上の規模のロシア軍の進撃をオーストリア領内で阻止します。翌一九一五年の夏には、ドイツ・オーストリア軍の大反撃によりロシア軍を大きく北方へ押し戻すことに成功します。

ロシアのブルシロフ作戦、大軍団の利点を活かした広域戦法

東部戦線では、大軍のロシアがドイツの優れた指揮と局所集中の戦術により、膨大な損

失を受けていましたが、ロシアにこの局面を打開する名将が出現します。

ロシアのアレクセイ・ブルシロフ将軍は約四八〇キロの正面を進軍するブルシロフ作戦を一九一六年六月に開始。通常は五キロほどの幅の戦線に向かって進軍していたものを、幅一〇キロほどの戦線をいくつも横につなげて四八〇キロもの正面をつくり出し、敵が集中して防衛する拠点を長い戦線で包み込んで殲滅したのです。

ドイツ軍が局所的な集中を得意としてロシアの大軍を阻止した戦況を見て、ブルシロフ将軍は、大軍の利点を最大限活かし、相手の局所的な集中を無効化するこの作戦を発案したのです（これはのちに浸透作戦と呼ばれて各国でも研究・実施された）。

この攻撃でオーストリア第四軍は全滅。総崩れとなったオーストリア軍を支えるため、ドイツ軍はフランス戦線から一五個師団を転用、ようやくロシア軍の進攻を食い止めます。

この戦果を見てルーマニアがロシア側でオーストリアとドイツに宣戦布告。ドイツはヴェルダン攻略も失敗して、ファルケンファインは参謀総長の地位を解任されます。

広域浸透戦略　大軍の優位を活かして棲み分けをつぶす

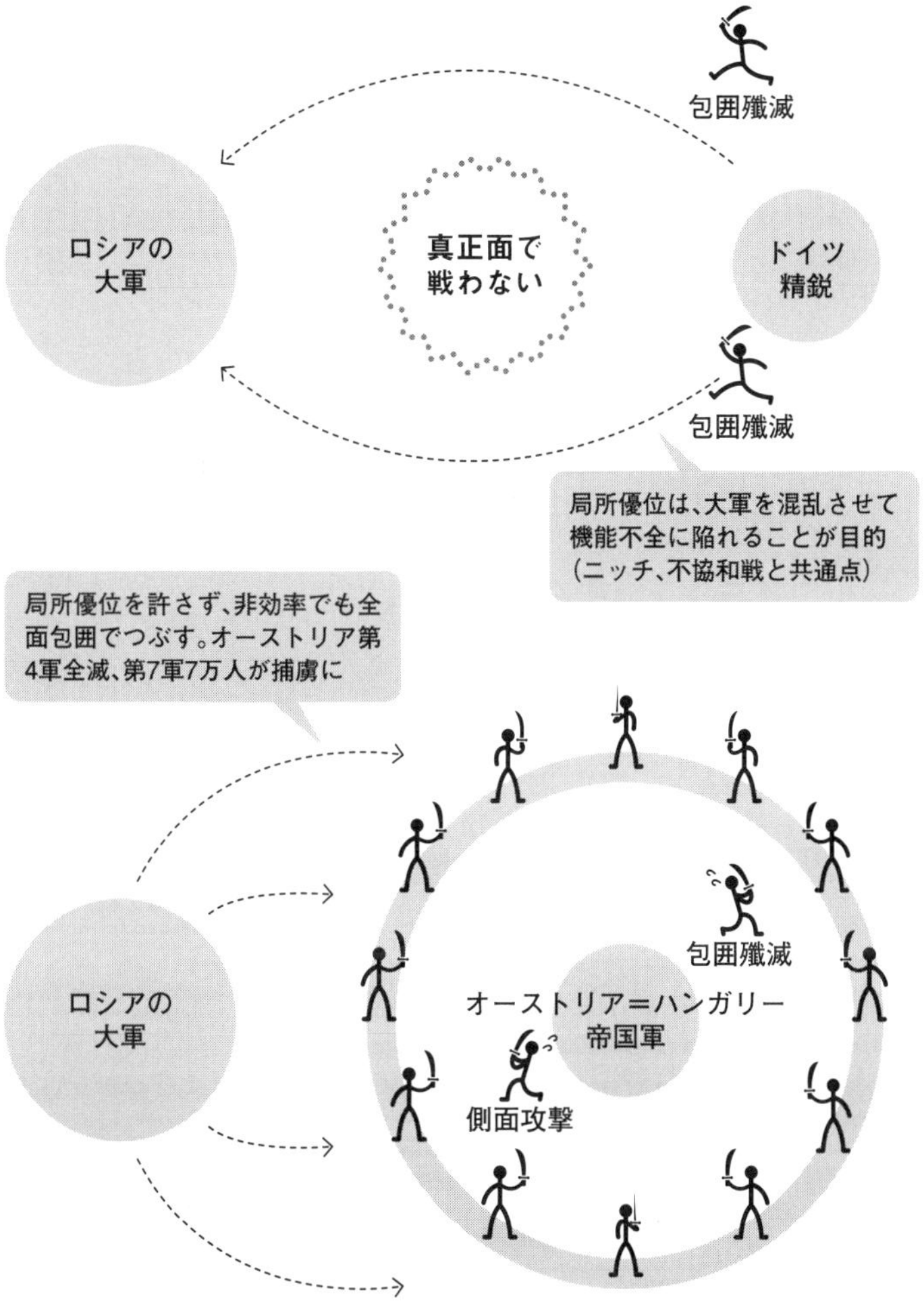
包囲殲滅
ロシアの大軍
真正面で戦わない
ドイツ精鋭
包囲殲滅
局所優位は、大軍を混乱させて機能不全に陥れることが目的（ニッチ、不協和戦と共通点）
局所優位を許さず、非効率でも全面包囲でつぶす。オーストリア第4軍全滅、第7軍7万人が捕虜に
包囲殲滅
ロシアの大軍
オーストリア＝ハンガリー帝国軍
側面攻撃

●大軍団の均衡突破と、少数軍の均衡突破の違いとは？

しかしブルシロフ将軍の大攻勢でも、ロシアは勝利できませんでした。すでに厭戦気分が強く蔓延《まんえん》。翌一九一七年に、二月革命で帝政が廃止され、ニコライ二世が退位します。第一次世界大戦は、均衡を突き崩すための二つの方法を教えてくれます。

①こちらが優勢な大軍の場合、敵に棲み分けさせずに全面で攻撃する
②こちらが劣勢の場合、「高い効率」と「新たな棲み分け」を並行して実現する

インターネットブラウザでは、現在マイクロソフトのインターネット・エクスプローラー（ＩＥ）が首位ですが、ブラウザのパイオニアはネットスケープ社の製品でした。しかしネットの未来に高い可能性を見たマイクロソフトは、自社のＩＥブラウザを発売し、ウィンドウズに同梱させて無料でパソコンに配布したのです（当初ネットスケープは有料だった）。

二社は激しい開発競争をしますが、マイクロソフトのシェア増加を阻止できず、ネットスケープは開発を停止します。マイクロソフトは敵に棲み分けを許さなかったのです。

ソフトバンクは携帯事業に進出する際、国内三位のボーダフォンを買収しました。しかし当初は同社の携帯機種は使い勝手が悪く人気がありませんでした。

首位のドコモはi-mode全盛の時代で、国内の電機メーカーは当然、利用者の多いドコモ向けの携帯機種に力を入れていました。この劣勢の均衡状態でソフトバンクが日本で携帯を調達しようとしても、常にドコモに優位を発揮されてしまいます。

ソフトバンクはこの不利な均衡で戦おうとせず、米アップルのiPhoneを二〇〇八年に独占契約して日本で販売します。これでiPhoneを使いたい人はソフトバンクに加入するしかない、強固な棲み分けを新しく手に入れて、不利な均衡を突き崩したのです（ドコモ側は、初期の段階でソフトバンク側に全面の消耗戦を仕掛けるべきだった）。

東部戦線の崩壊で、ドイツは四四個師団二五〇万人を西部戦線に転出できたのですが、愚かなことに三年間も膠着している戦地に投入します。両軍が出血し続けた場所で、再び大量の戦死者を出して攻勢は失敗。やがて無傷の米軍二一〇万が西部戦線に参戦して、一九一八年の夏にはドイツの戦線は総崩れとなります。

東部戦線が崩壊したあとドイツはどうすべきだったのでしょう。均衡している西部戦線には追加兵力をつぎ込まず、長距離射程砲を大量生産して低い損耗率で西部戦線を支え、ソフトバンクがiPhoneを独占販売したように、「新たな棲み分け」、例えば海上輸送を妨げる技術開発や、西部戦線以外の強固な新拠点を築き上げるべきだったのです。

アレクセイ・ブルシロフ

一九一六年にブルシロフ作戦を実施。広大な戦闘正面で進軍し、敵の拠点を包囲殲滅して大戦果をあげた。一九一七年のロシア革命以降、一時ロシア軍の最高司令官となった。

27

エーリッヒ・フォン・マンシュタイン【第二次世界大戦・ドイツ電撃戦】

強い敵には正面から戦わずに防衛の弱いところを攻める

Strategy
ニッチ戦略

なぜヒトラーは、圧倒的な速さで完勝したのか？

第一次世界大戦で敗北したドイツは、ヴィルヘルム二世が退位してワイマール共和国となるが、膨大な賠償金で国民の生活は窮乏。ナチスを率いて独裁者として台頭したヒトラーは、なぜ六週間でフランスのパリを占領できたのか？

イタリア・ドイツ・日本が第二次世界大戦を始める前ぶれ

イタリアで一八八三年に生まれたベニート・ムッソリーニは、第一次世界大戦の兵役で負傷後、国家主義を唱えて新政党をつくり、一九二一年に国家ファシスト党へ移行させます。

第一次世界大戦後のイタリアは経済が破綻。一九二二年に首都ローマへ黒シャツ隊

（ファシスト党の民兵）が行進してイタリア政権を奪取。熱狂的な支持で、独裁政権を確立します。

敗戦国ドイツに課されたヴェルサイユ条約の賠償金は、ドイツの子供が老人になるまで払っても終わらないほど巨額で、戦後社会の崩壊と共に人々は不満を高めていきます。同条約に激しい屈辱を感じていた一人、アドルフ・ヒトラーはドイツ労働者党に入党、のちにナチスとなる同組織で、演説力を鍛えてわずか二年で党首となります。経済の破綻、ドイツ人の憤り、ムッソリーニのローマ行進の成功を知っていたヒトラーは、ミュンヘンで武装蜂起を画策。しかし、警官隊に鎮圧されて彼は逮捕されます。

一九二〇年代の日本は、第一次世界大戦の戦時バブルが崩壊。日露戦争の膨大な戦債の支払いで困窮していた市民生活は、一時持ち直すも慢性的な不況に苦しみます。

一九三一年に日本の関東軍が満州事変を起こして、日本は満州国を建設。日本のシベリア出兵などで警戒感を強めていたアメリカなど列強の非難を浴び、一九三三年には国際連盟を脱退。長引く不況、軍部の台頭、国際社会での孤立の三つの難題を抱えます。

全ドイツ国民を、悲惨な地獄の業火に導いたヒトラー

ヒトラーは刑務所で『わが闘争』を口述執筆。出所後は一変して、暴力的な権力簒奪ではなく、選挙と政治制度を巧みに利用しながら扇動的な演説で民衆の支持を集めます。

ヒトラーは国家元首となったとき、次のような言葉で本性を覗かせます。

「党はヒトラーである。ドイツはヒトラーであり、ヒトラーがドイツである」

「必要なのは一人の指導者の意志だ。一人が命じ、他の人々はそれを実行すればよい。統治とは上からはじまり下で終わるのだ」（共にＮＨＫ取材班・編『ヒトラーと第三帝国』より）

ヒトラーは首相となると、矢継ぎ早に国民の権利を制限・弾圧する法案を成立させ、独裁政治を始めます。三年後、国内政策のいき詰まりから国民の目をそらすため、非武装地帯のラインラントに進駐。一九三六年にはベルリン・オリンピックを開催。民族意識高揚と、組織的なプロパガンダ（思想宣伝）にスポーツの祭典を最大限利用します。

しかしこの時点で、ドイツ国民が憎悪したヴェルサイユ条約の打破と、敗戦で失った領土の回復（奪還）を目指すヒトラーとナチスはドイツで熱狂的に支持されていました。

●塹壕戦の体験から、戦略観を進化させたヒトラーの連続的勝利

一九三七年にヒトラーは、軍首脳にチェコとオーストリアの侵略計画を打ち明けます。陸軍参謀総長のベックはこれに驚愕します。この計画はフランス、イギリスの介入を招く危険性が高く、世界大戦勃発はドイツの「国家の終わり」を意味したからです。

一九三九年九月、ドイツ軍はポーランドに侵攻、二日後にはイギリス・フランスがドイツに宣戦布告。両国の姿勢を甘く見ていたヒトラーは強いショックを受けます。

しかしヒトラーは前大戦の経験から、膠着する塹壕戦を避ける新しい戦争理論を模索していました。開戦の八年前、ヒトラーは次のように自軍の将官を批判しています。

「『彼らは新しいこと、驚くべき事実に対して盲目』で独創性がなく、『自らの技術的知識によってがんじがらめになっている』」（B・H・リデルハート『リデルハート戦略論　間接的アプローチ（下）』より）

第一次世界大戦に従軍したイギリスのリデルハートは戦後、「機動戦」理論を提唱するも、彼の理論は本国イギリスよりも敗戦国ドイツで注目され研究されました。

ドイツは当初、第一次世界大戦と同じくベルギーから仏領に侵入を計画しましたが、参謀エーリッヒ・フォン・マンシュタインが戦車でアルデンヌ森林地帯を抜ける奇襲作戦を提案し、ヒトラーはその提案の有効性を見抜きます。

一九四〇年五月一〇日、ベルギーとオランダにドイツのB軍集団が侵攻（黄色作戦）。英仏連合軍は自信を持って全軍をベルギーの戦場に殺到させますが、B軍集団は囮《おとり》でした。

ドイツA軍集団は南方ルクセンブルグからアルデンヌの森を抜けて進軍を開始します。マース川を守るフランス軍の参謀総長ドゥマンは、古い大戦の世界観のままでした。

「敵もわが軍と同じような手順で事を行うものと信じていたため、われわれは敵が十分な砲兵を持ち出さない限り、マース川の渡河を企図しないであろうと予想した。そのためには五日間ないし六日間が必要で、それだけの時間があればわが方の配備を強化する十分な時間があると考えていた」（前出書より）

ところがマース河畔にきたドイツA軍集団は、歩兵と砲兵集団の到着を待たずその日の午後に攻撃を開始。なんと翌一四日午後にはマース川の渡河を完了してしまいます。

ドイツによるフランス侵攻の進軍路

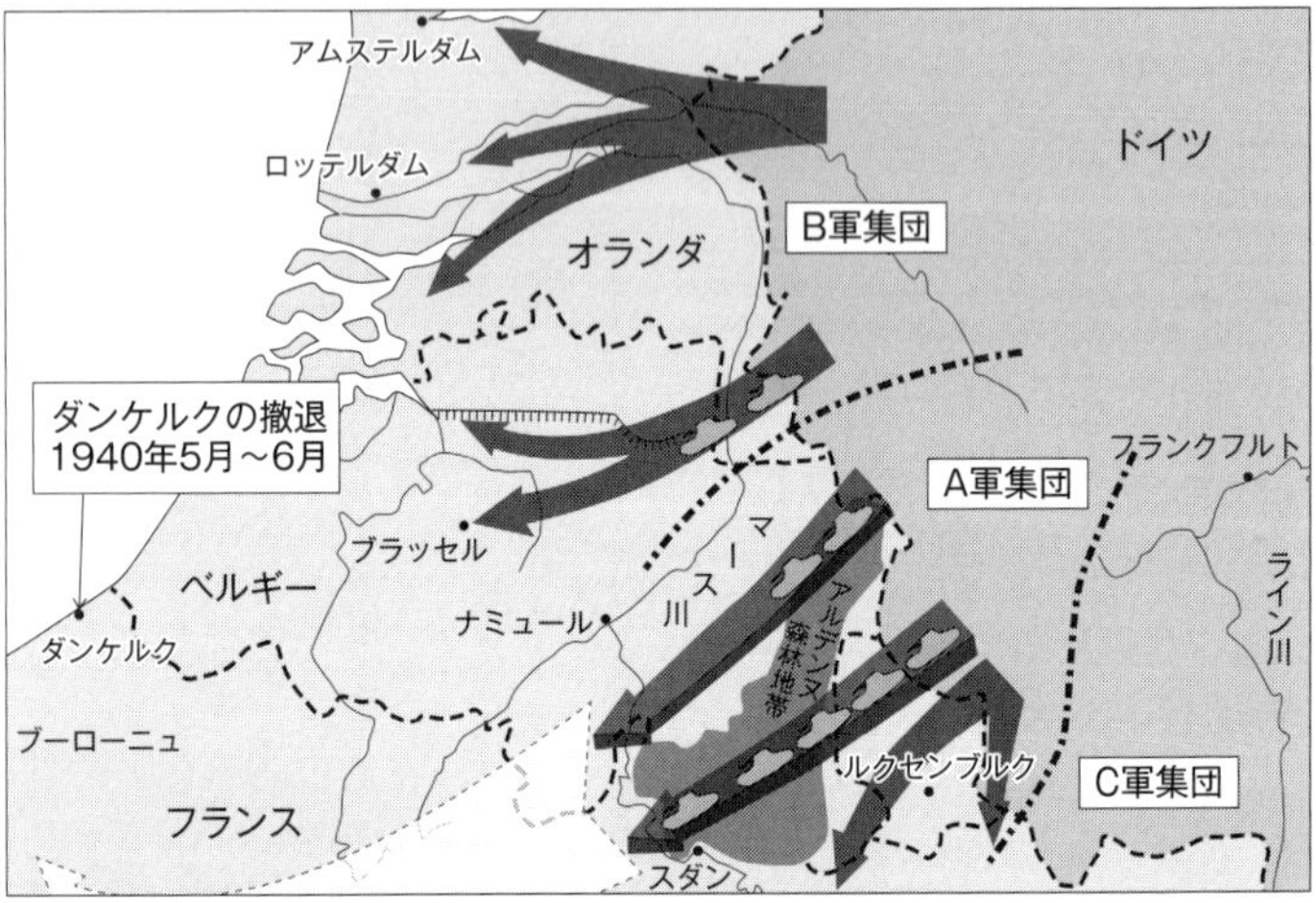

『西方電撃戦』参考

しかも、ドイツ軍はベルギーへもパリへも進軍可能なルートを選んだため、フランス軍は敵の目標地点を予測できず混乱して、ドイツ軍のさらなる進軍を許します。

ドイツ軍の戦車には急降下爆撃機が必ず援護につき、敵の戦車部隊を次々撃破します。

わずか一〇日でA軍は仏領の北西の海岸アブヴィルに到達、連合軍の退路を断ちます。

ベルギーを攻めるドイツB軍集団は、グライダーや落下傘部隊を多用。難攻不落だった要塞は、空と後方からの攻撃で簡単に攻略され次々と陥落していきます。

一五日にオランダが降伏、二四日にダンケルクまで追い詰められた三〇万人の英仏軍が海岸からイギリスへ脱出。二八日にはベルギーも降伏、国王はイギリスへ亡命します。翌六月五日に、ドイツ軍はパリを目指し進軍を開始（赤色作戦）。

一四日にはドイツ軍がパリへ入城、すでに戦闘力のないフランスは南方へ逃げ、ペタン政権はドイツに停戦交渉を申し込みます。ヒトラーが南フランス政権の主権を認めたため六月二二日、フランスは降伏して停戦。ペタンの部下ドゴールはロンドンに亡命、抗戦組織「自由フランス」を結成して抗戦の継続を呼びかけました。

第一次世界大戦で三年間の膠着と膨大な犠牲を払った西部戦線は、ヒトラーとマンシュタイン、ドイツ戦車部隊と爆撃機の電撃作戦で、六週間で完全勝利を迎えたのです。

敵の防衛力が高い場所を、一貫して避けながら速攻で勝つ

ドイツ軍のフランス攻勢は、一貫して三つのことを目指し完勝を成し遂げました。

①敵の抵抗がないところから突入する
②防御の固い要塞は側面か後背、上空から攻略する
③速攻により敵が対応できない間に勝負を決する

この戦闘のスタイルをビジネスに対比すると、A・B軍集団は異なる戦略といえます。

「差別化はリーダーと戦う戦略であり、ニッチはリーダーとは戦わない戦略である」（前出『競争しない競争戦略』より）

右の定義を参照すれば、ベルギーでは「差別化」であり、アルデンヌの森では「ニッチ」を狙ったことになります。ベルギーでは敵と効果的に戦う道を選んでおり、一方のアルデンヌの森は、敵と遭遇しないことを期待しているニッチ戦略なのです。

『競争しない競争戦略』は、大手企業の参入を防ぐ三つの方法を提唱しています。

①市場規模をあまり大きくしない

②利益率をあまり高くしない

③市場を急速に立ち上げない

これは大手企業に参入の意欲を持たせない対策であり、敵に遭遇しないアルデンヌの森

ニッチ戦略　正面から戦わずに防衛の弱いところを攻める

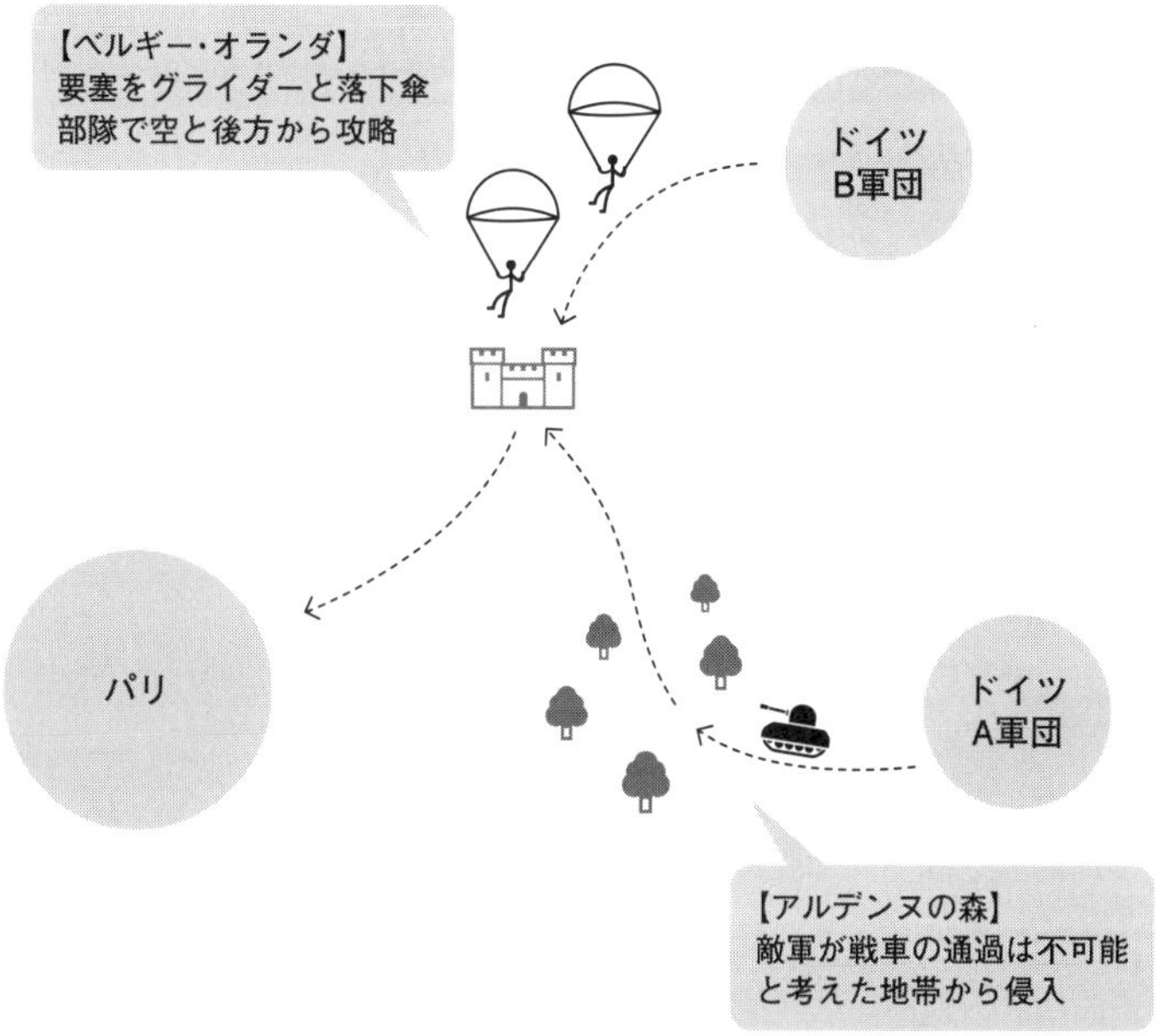
【ベルギー・オランダ】
要塞をグライダーと落下傘部隊で空と後方から攻略
ドイツ
B軍団
パリ
ドイツ
A軍団
【アルデンヌの森】
敵軍が戦車の通過は不可能と考えた地帯から侵入

アルデンヌの森を無傷で抜けたドイツ軍は、ベルギー・オランダで戦う連合軍の後方を遮断する動きを見せた。そのため、連合軍はダンケルクから英国に撤退した。

●ドイツA軍
敵が来ない場所を選んだ（アルデンヌの森）＝ニッチ戦略
●ドイツB軍
要塞で守る敵に、これまでと違う戦い方で勝利＝差別化戦略

をつくり上げることに似ています。同書では、世界一二〇か国以上で使用されている医療機器を製造するマニー社が紹介されています。

同社は戦略立案の基準として、①医療機器以外扱わない、②世界一の品質以外は目指さない、③製品寿命の短い製品は扱わない、④ニッチ市場（年間世界市場五〇〇〇億円程度以下）以外に参入しない、という四つのルールを掲げて長期・安定成長を目指しています。

ドイツ軍は第一次と第二次の世界大戦で、まったく違う戦略を採用しています。

第一次では、大軍を高速動員した戦闘で敵を圧倒すること。第二次では、敵の防御がない場所を狙い進軍して、戦闘が必要な場所では効率的な新しい戦い方で圧倒することです。前者は消耗と敗北を、後者は短期で完全勝利を生みました。

充実した敵との遭遇を避ける戦闘の結果、世界を震撼させる電撃戦が生まれたのです。

エーリッヒ・フォン・マンシュタイン

名門軍人の家系に生まれる。第一次世界大戦では西部戦線で負傷。ナチス政権時代はフランス攻略作戦の他、ソ連との東部戦線でも活躍したがヒトラーと対立し罷免された。

28

ウィリアム・ハルゼー【太平洋戦争】

手段ではなく、目的を正しく追い続けた組織が勝つ

Strategy

目的概念化戦略

なぜ米軍は、太平洋戦争で加速的に日本に勝利を収めたのか？

第一次世界大戦でドイツの太平洋権益を奪取した日本は、やがて中国大陸の権益でアメリカと対立する。開戦初期に快進撃を続けた日本は、米軍に逆転を許したのちは転げ落ちるように敗戦を迎える。なぜ米軍は、加速的に勝利を手にしたのか？

●英米との対立を怖れた日本の背中を押したもの

日本は一九三一年の満州事変ののち、戦艦・空母の保有数を各国と定めたワシントン海軍軍縮条約を破棄。中国への侵略と武力による威嚇を強め、一九三七年七月、中国北部の盧溝橋で国民党軍と日本軍が武力衝突して日中戦争に発展。一九三九年五月にはソ連との国境紛争「ノモンハン事件」が起きます。

翌一九四〇年のドイツによるフランス侵略成功は、日本の方針にも影響を与えます。

「ドイツ大勝利の報に、日本では日独同盟を強化すべきだという声が高まった。すでにフランスは倒れ、イギリスも敗れようとしている。ここでドイツの味方になっておけば、フランス・イギリスがアジアに持っている植民地を労せずして手に入れることができると考えたのである」（前出『ヒトラーと第三帝国』より）

一九四〇年九月、日独伊三国同盟が結ばれます。これによりアメリカは態度を完全に硬化させ、ルーズベルト大統領は鉄鋼やくず鉄など軍需物資の日本輸出を禁止します。日本の松岡洋右は、三国同盟の前提に日独伊にソ連を加えた四か国の同盟を構想していました。四か国なら中国の権益で対立する米国を牽制できると考えたのです。

しかしヒトラーにソ連との仲介を断られ、翌年四月に単独で日ソ中立条約を締結。ドイツでも外務大臣のリッベントロップが四か国でイギリス解体を狙う構想を持ちますが、同年六月にドイツが不可侵条約を破棄してソ連に進軍、すべてが水泡に帰してしまいます。

フランス侵攻でのドイツ圧勝を見て、ソ連がルーマニアに侵攻。ヒトラーからの誘いを断り続けていたイタリアのムッソリーニも方針を転換して、北アフリカに侵攻します。

しかしイタリア軍は敗退を続け、ロンメル指揮のもとドイツの装甲師団が救援に駆けつけようやく英軍を撃退、ドイツは一時的にリビア・エジプト国境を席巻します。

日本の南方進出で、アメリカが対日石油の完全禁輸へ

日独伊ソの四か国でアメリカの脅威に抵抗する思惑が外れ、進路を迷う日本に「ドイツがソ連領内で快進撃」の報が届きます。日本は三国同盟と日ソ中立条約の板挟みで悩みますが、独ソの事態は静観して、南方へ進出することを決定します。

一九四一年七月、日本軍はフランス領インドシナ南部に進駐を開始。アメリカはフィリピンを植民地としており、この進出は許容できず日本への石油の全面輸出禁止を発動。この措置に驚いたのが日本海軍です。石油備蓄はわずか一年しかなく、備蓄が尽きたときにアメリカから戦争を仕掛けられることを怖れて早期開戦論が浮上します。

日本政府は開戦を避けるためアメリカと交渉を続けましたが、日本軍がインドシナ南部の撤兵を一貫して拒否したため、一一月二六日には日本側が受け入れにくい条件のハル・ノートが提示され、数日後には外交交渉も打ち切られます。

一九四一年一二月八日、日本軍は真珠湾を攻撃。この報告でイギリスのチャーチルは戦

争の勝利を確信します。日本がアメリカに宣戦布告したため、同盟国の独伊もほぼ自動的にアメリカに宣戦布告。この結果、アメリカは欧州戦線に連合国側で参戦を開始します。

一九四一年一二月八日から翌年の六月五日までの半年間は、日本が快進撃を続けます。開戦後、日本は香港からマレーシア・シンガポールなど油田地帯、オランダ領インドネシアとアメリカの植民地フィリピンの周辺海域、豪州南部のラバウルやニューギニアなどを制圧。四二年五月にビルマを占領、同年七月に占領地区は最大版図を記録します。

マレー沖海戦では、英軍の戦艦プリンス・オブ・ウェールズを航空機で撃沈。

しかし、初期の戦勝で見落とされた教訓に、敵の位置を先に（そして正確に）発見することの決定的優位がありました。英軍の戦艦のレーダー性能がまだ低く、日本軍は潜水艦と偵察機、哨戒機で敵部隊の位置を比較的早く発見できていました。

相手より早くか同じタイミングで敵を認識できれば、日本軍の精度の高い射撃が効果を発揮します。しかし「敵を早く発見すること」は勝因として追求されず「攻撃（特に航空機）の効果」を日本軍が過剰に認識したことが、太平洋の大惨敗につながります。レーダーと通信傍受で米軍が完全に待ち構えた状態に何度も決戦を挑んだからです。

米軍は開戦時には日本の外務省暗号を、四か月後には海軍の暗号を解読していました。

一九四二年六月のミッドウェー海戦は、作戦計画が筒抜けで大敗北。同盟国ドイツが暗号解読の懸念を伝えるも、日本軍は根拠なくそれを否定してさらに大きな敗因となります。

●日本軍の戦略を破壊する、米軍のイノベーション思考

日米軍の戦略と行動の段階は、主に三つに分類できます。

①新たな戦略をつくる
②効果の消えた自軍の戦略を別の戦略に差し替える
③敵の戦略の破壊を狙うイノベーションを行う

日本軍は戦艦を航空機で撃沈するなど、新たな戦略を生み出す一方で、効果の消えた古い戦略を新たな戦略に差し替えることが苦手でした。米軍は、敵である日本軍の戦略を破壊するイノベーションを狙い続けて戦局を急速に転換させたのです。

太平洋における日米の主な戦闘には、次のようなものがあります。

・**珊瑚海海戦**（一九四二年五月）日本軍の熟練パイロットが多数戦死も敵空母撃沈

太平洋地域における日本軍の主な戦闘

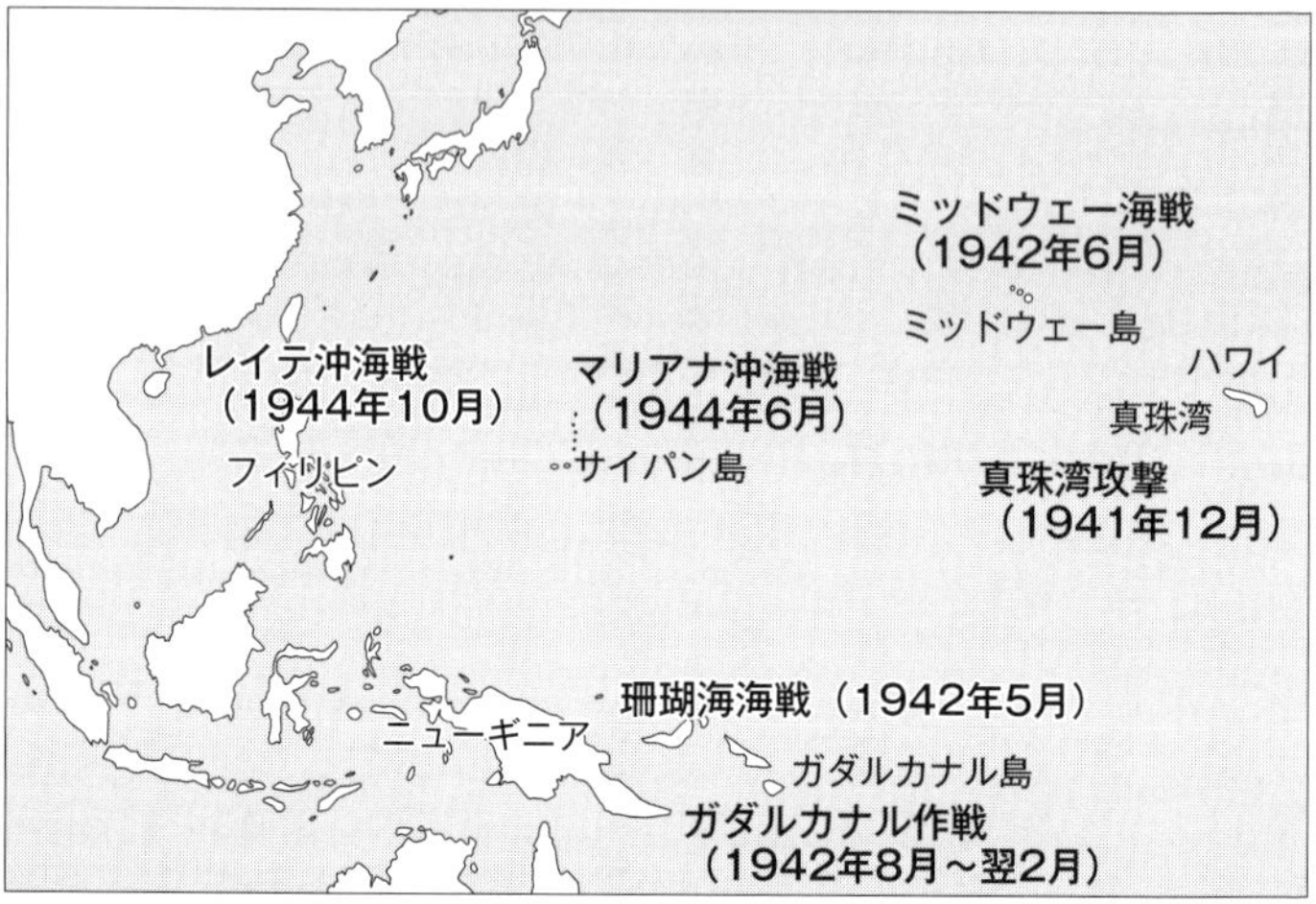

・**ミッドウェー海戦**（一九四二年六月）正規空母四隻を失う大敗北

・**ガダルカナル島作戦（ソロモン海戦）**段階的に日米軍の均衡が破れていく

・**マリアナ沖海戦**（一九四四年六月）レーダーと対空砲火で日本軍が一方的に敗北

・**レイテ沖海戦**（一九四四年一〇月）日本海軍は壊滅、組織戦闘力を完全に失う

戦局が米軍有利に大きく傾いた、三つの要因をあげてみます。

①悲観的なトップを交替させて、組織の戦略転換をすばやく実施した

米軍はガダルカナル島作戦で、日本の戦闘機を怖れて空母で逃げ続けるゴームレー中将を解任。勇猛果敢なウィリアム・ハルゼー中将に指揮官を交替させます。日本軍は肩書が上位の人物を敗北でも更迭できず、彼らの指揮でさらに失敗を重ねます。

②レーダーの発達により、日本軍の奇襲効果はゼロ以下になった

珊瑚海海戦から米軍はレーダーを配備。夕闇の日本軍航空機の〝奇襲〟に逆に大きな損害を与えます。ミッドウェー海戦では米軍機はあらかじめ基地から退避しており、日本軍の奇襲攻撃は米軍のレーダーで完膚なきまでに撃退されました。

③当たらなくとも撃墜できるVT信管で、一方的な勝利が加速した

射撃の精度を徹底追求した日本軍。一方の米軍は砲弾が敵機に近づくだけで炸裂するVT信管を開発。マリアナ沖海戦以降の対空防御に使用され、撃墜率の飛躍的な向上に成功。射撃精度にこだわることが意味を失い、日本軍の航空優位はさらに低下します。

米軍は戦略を差し替えるため人事を断行し、日本軍はずるずると敗北を続けたのです。

●目的を上手く概念化することで、古い手段を効果的に棄却できる

ビジネスでも、経験則で物事を判断すると既成概念に進化を阻まれることがあります。このような壁を取り払うためＪＴＢＤ（Jobs to be Done）という概念があります。

「ほとんどの企業は（中略）市場をセグメントし、提供する製品やサービスに特徴や機能を加えて差別化している。しかし、顧客は市場について異なる見方をしている。顧客にはただ片づけるべきジョブがあり、それを行うのに最も良い製品やサービスを『雇おう』としているだけなのだ」（デヴィッド・シルバースタイン他『発想を事業化するイノベーション・ツールキット』より）

同書に紹介されている、ＪＴＢＤを利用した解決策の新旧の対比を紹介しておきます。

例①　薬を投与する＝解決策（旧：錠剤と注射、新：皮膚用パッチ剤）
例②　夜間に敵を発見する＝解決策（旧：照明弾、新：暗視装置）
例③　窓をきれいに保つ＝解決策（旧：窓掃除をする、新：自己洗浄ガラス）

例④　情報を探す＝解決策（旧：図書館、新：インターネット）

片づけるべきジョブが本当は何であるかを考察することで、既存の手段から上手く離れて目標達成への発想を飛躍させることが可能になります。

「ＪＴＢＤについて何か覚えておくとすれば（中略）ＪＴＢＤは、特定のソリューション（製品やサービス）にはまったくこだわらない。顧客のＪＴＢＤは時間がたってもあまり変わらないが、製品やサービスは、つねに提供する価値を高めながら戦略的な周期で変わっていくべきだ」（前出書より）

窓の清掃業者にとって、自己洗浄ガラスは仕事を消滅させかねないソリューションです。同様に、戦艦や戦闘機の乗組員や操縦者にとって、レーダーは勝利を近づけるが、自分の技能や価値を否定する可能性のある存在だったのです。

日本軍内でもレーダーの研究は行われており、他国をリードする技術もありましたが、海軍軍人は見えない敵を発見するなど、ありえない戦い方だと一蹴しました。そのため戦艦や空母、航空機への配備が日本軍は大幅に遅れて劣勢に追い込まれます。

日本軍は熟練パイロットの養成と戦闘機の攻撃が、勝利につながると信じ続けました。しかし敵の戦闘機を撃墜するために、あらゆる他の選択肢も検討すべきだったのです。製品やサービスなどの手段と、顧客の叶えたい目標を同一だと考えるのは危険です。消費者にとってのＪＴＢＤを深く考察した他社が、やがて私たちのソリューションを不必要にする新たな飛躍に成功するかもしれないからです。

ウィリアム・ハルゼー

アメリカ海軍元帥。第一次世界大戦では駆逐艦艦長として大西洋で活躍。太平洋戦争では第三艦隊司令として戦果をあげる。横須賀での日本降伏文書調印式にも参加している。

29

組織には常に戦略的な撤退と再集結が必要である

ドワイト・アイゼンハワー【第二次世界大戦・ノルマンディー上陸作戦】

Strategy
突破力増強戦略

快進撃を続けたドイツ軍は、なぜ連合軍に劇的な敗北を喫したのか？

電撃戦でパリを陥落させたヒトラーとドイツ軍は、イギリスと対峙して戦力を消耗し、ソ連に侵攻して二正面作戦を展開する。優れた指揮官を擁するドイツ軍とヒトラーを、英米仏の連合国はどのようにして敗北に追い詰めることができたのか？

● 英国とソ連、二つの戦線で死闘を繰り広げるドイツ

一九四〇年六月、パリを占領したヒトラーは一時イギリスとの和睦を模索しますが、やがてイギリスの屈服が戦争終結に不可欠と考えます。しかし、ドイツには英軍に比肩する海軍力がないため、航空戦力でイギリスの打倒を計画します。

八月一〇日にイギリス侵攻作戦が開始され、英軍は一か月で六〇〇人近くのパイロット

が戦死するも、高射砲とレーダーの活用でドイツ軍に大打撃を与え、約二か月でヒトラーは作戦を断念。ドイツ空軍は総計一七三三機を失い、英空軍は九一五機を失いました。

この空戦では、ドイツと英軍が双方の首都を爆撃して多数の市民が犠牲となります。

航空攻撃の失敗で、ドイツは潜水艦Uボートによるイギリス輸送船団の撃沈作戦を開始。

四一年夏までに約五七〇万トンの輸送船を撃沈するも、四二年にイギリスの損害は一〇三万トンまで減少。Uボートは八〇〇隻以上も撃沈されて通商破壊作戦も失敗します。

ソ連は、ドイツが英軍に集中するあいだにルーマニア、フィンランドに勝利しバルト三国も併合。しかし独ソ不可侵条約を締結したドイツも密かにソ連の打倒を狙っていました。

イギリスが屈服しないことに業を煮やしたヒトラーは、四一年六月二二日に突如ソ連領土に侵攻、バルバロッサ作戦が開始されます（日本の四か国同盟の構想は破綻した）。

一三万の兵士、戦車七〇〇両以上、航空出撃一二〇〇のドイツは作戦正面の幅約六五キロ、五日間で一二〇キロを進軍。ソ連は八万人以上の兵員を失い敗走します。

ドイツの快進撃で一〇月一一日には駐ドイツ大使の大島浩が「ドイツ勝利の公算が極め

て大」と本国に打電、日本が対アメリカ戦争を始める判断材料の一つとなります。
しかし、一一月の雨季でソ連の大地は泥沼となり、ドイツの進軍は困難に直面します。モスクワ進軍の途中で大反撃を受けて、一二月三日にドイツ軍は攻勢から防衛へ転換。ノモンハン事件で日本の関東軍を苦しめた、ソ連のジューコフ大将が攻勢を開始。極東から兵員を大量輸送したことで、ドイツ軍は八五万の兵員が戦死して壊滅状態になります。ドイツ軍が崩壊したちょうど四一年一二月、日本は真珠湾攻撃を行いました。

「主導権がモスクワ反攻によってドイツ軍から赤軍に移り、しかもドイツ軍が決定的に敗北したこの時期に日本が第二次世界大戦に参戦したのは不幸であった」（松村劭『戦争の20世紀』より）

北アフリカとレニングラード、二つの戦場での敗北

一九四二年一月より、北アフリカ戦線でドイツのロンメルが英軍に反撃を開始します。ロンメルは北アフリカのエル・アゲイラから英軍を撃破して東へ八〇〇キロ近く進撃、劇的な勝利の連続で世界的名声を博します。しかしドイツの輸送船団が地中海で英空軍に多

数撃沈され、補給が途絶えて七月にエル・アラメインで戦線は膠着します。

英軍が沈没船から暗号書を手に入れ解読したこともあり、次第に連合軍が優位になっていきます。一〇月にロンメル軍は二倍の規模の敵軍に攻撃され退却を開始。米軍の戦車・航空機が北アフリカに到着し、物量で圧倒されたロンメルはヒトラーの命令で、一九四三年三月ベルリンに航空機で帰国します（部隊は北アフリカから撤退した）。

東部戦線では、一九四二年五月にドイツが反撃して二四万人以上の損害をソ連軍に与えます。六月から翌四三年一月までモスクワ南東の都市スターリングラードの市街地で激戦が展開され、両軍で二〇〇万という悲劇的な戦死者を出します。

市街地に出没するソ連兵の決死の抵抗に翻弄され、戦場はヒトラーが忌み嫌った大消耗戦の様相を呈します。ドイツ軍は空輸補給を試みるも、多数の輸送機が撃墜され失敗。

ヒトラーは予備兵力まで投入、八五万人のドイツ兵が戦死してドイツ第六軍が降伏。

スターリングラードの攻防戦には、フランス侵攻で電撃戦を計画したマンシュタインなど、ドイツ軍の優れた指揮官もいましたが、すでにヒトラーは優秀な部下の意見に耳を傾けず、自らの目標に固執する自滅的な精神状態に陥っていました。

名将ロンメルと運命の日、一九四四年六月の史上最大の作戦

一九四三年一月以降、回復できないほどの被害を受けたドイツ軍は後退を続けます。同年二月には日本軍が投入兵力の六割以上を戦死させてガダルカナル島から撤退。

同年一一月、フランスに名将ロンメルが派遣され、大西洋岸の要塞構築を急ぎます。四三年末には巨大要塞建設の作業に五〇万人以上が従事、北アフリカ戦線で連合軍の強さを知ったロンメルは、海岸線に無数の鋼鉄の四面体、鉄の刃のついた杭、砂浜に五〇〇万個以上の地雷を敷設しました（彼は六〇〇〇万個の地雷敷設を計画していた）。

ロンメルは敵を上陸数時間で撃破するため、少なくとも五個師団が沿岸に必要と判断。六月上旬に一時帰国して、秘密裡にヒトラーに師団手配を依頼することを計画しました。

連合国は二年前の夏に仏北西の海岸、ディエップで上陸作戦を実施するも、計画がドイツ軍に洩れて大敗北を喫します。カナダ・英・米による作戦は参加兵約六〇〇〇人のうち無事帰還できたのはわずか二五〇〇人。たった九時間の作戦で死体が海岸に満ちる大惨敗となりました（野中郁次郎・荻野進介『史上最大の決断』より）。

ディエップ上陸作戦の失敗は合理的に探究され、上陸前の大規模な空爆、海上からの艦砲射撃の重要性、障害物を撤去できる新たな戦車の開発などが進められます。

イギリスのチャーチルは当初自国から総指揮官を選ぶつもりでしたが、アメリカが大量の兵員を投入することを知り、総指揮官の選出をアメリカに譲ります。ルーズベルト大統領はアイゼンハワーを総司令官に決定。これはのちに最良の決断の一つと言われました。

連合軍の米英空挺部隊は六日の深夜〇時一五分、ノルマンディーへの降下を開始。暗闇の中、敵陣地後方を攪乱し通信網を遮断、橋などの要所を確保します。

午前六時には六九三九隻の艦船で一三万を超える兵員がノルマンディーに上陸、海岸ではドイツ軍の射撃で多数の兵士が負傷、戦死しますが、午前九時には塹壕を構築、いくつかの突破口も確保します。昼には上陸拠点から内陸部への進軍が開始されます。

ロンメルはDデイの前日に妻の待つ自宅に戻りましたが、連合軍上陸の報告で六日朝にはフランスに向かい、日没後に司令部に到着。現地参謀長がヒトラー直属の装甲師団の出動を依頼していましたが、ドイツ国防軍最高司令部は拒否しました。

ドイツ軍は上陸直後に効果的な反撃ができず、劣勢を続け八月にパリが解放されます。

●硬直したヒエラルキー型組織と、負けている戦線を縮小できない弱点

六月一七日に、ヒトラーはノルマンディーを守る司令官ルントシュテットとロンメルの

二名と面会します。ロンメルは沿岸部の一六の全要塞の死守ではなく、フランス北西部を放棄して戦力を撤収ののち集結させ、セーヌ川を盾に大反攻すべきと主張します。ヒトラーは聞く耳を持たず、ロンメルはヒトラーの取り巻きの幹部に言い放ちます。

「あなたたちは前線を自分の足で訪問し、自分の目で状況を確かめるべきだ」（前出書より）

六月二七日には、戦争終結を主張するルントシュテットが解任され、後任のクルーゲが補給ばかり要求せず総統の指示に従うべきだと言ったのでロンメルは反論します。

「他人に偉そうに指図する前に、前線に足を運び、司令官たちと直に話してみてほしい」（前出書より）

クルーゲは前線視察で司令官達と話しロンメルの指摘の正しさと、ヒトラーの間違いに気づきます。クルーゲはロンメルに謝罪して、増援の訴えを最高司令部に伝えますがまったく対応されませんでした（ソ連の大攻勢で、東部戦線が崩壊していたため）。

東部戦線で指揮を執るマンシュタイン（フランス電撃戦の立案者）も、広がりすぎた拠点から戦略的に撤退して、敵の弱点に集中打撃を加える案を提示しますが、ヒトラーは占領地に固執して作戦に干渉、一九四四年には智将マンシュタインを解任しています。

一方の連合軍は、総司令官のアイゼンハワーが作戦の全権を掌握しており、現地部隊には指揮に最高の人物を付けて、彼らの主体的な判断に成果をゆだねていました。

・アイゼンハワーは前線視察を好み、現地部隊が新戦術を考案してないか問い続けた
・米軍は現地司令官に一定の使命と兵力を与えて、参謀本部は過干渉しなかった
・米軍は実戦を通じてさまざまな戦い方の新機軸を生み出した

（前出書より）

「味方の攻撃が最高密度の集中」となるよう、上陸地点の予測をスパイ活動などで撹乱、深夜から早朝の六時間でほとんどの部隊が戦地に到着する短時間集中突破を成し遂げます。

ロンメルは七月に航空機の銃撃で負傷して前線から離脱しますが、彼のアイデアである沿岸部からの撤退と戦線縮小、部隊の再集結、反撃に効果的な防衛線の再構築が実現していたら、パリの解放はずいぶんと先になった可能性があるでしょう。

トップによる撤退と再集結、均衡を現場から破るアイデアの創出

一九四五年四月三〇日、ヒトラーはベルリンの司令部地下壕で自殺。二日前にイタリアのムッソリーニが逃亡中に射殺され、八月六日には広島に、八月九日には長崎に原子爆弾が投下されて第二次世界大戦は終了します。

ヒトラーが率いたドイツは一〇〇〇万人が死亡、日本は三〇〇万人が死亡しました。

ノルマンディー上陸作戦は組織運営に関する示唆を私たちに与えてくれます。フランス占領から四年間続いた均衡を破るため、連合軍はアメリカという巨大な援軍を、ドイツは戦線縮小と再集中を必要としました。膠着した均衡を破る〝突破力〟を取り戻すためです。

- **戦略的な撤退と再集中の重要性（総司令部の俯瞰的判断）**
- **ミドルマネジメントから優れた作戦を生み出す（戦場に合わせた作戦計画）**
- **現場最前線からブレイクスルーを生み出す（現場から新たなイノベーションを創出）**

・適切な使命を与えた上で権限を委譲する（目標設定の自由・実行の柔軟性）

米ＧＥの元ＣＥＯジャック・ウェルチは二〇世紀で最も優れた経営者の一人と言われましたが、数多くの事業部を大幅にスリム化（売却）し、その業界でナンバーワンかナンバーツーの事業だけを残すと宣言しました。広がり過ぎて突破力を失った戦線を縮小して、新たに優位性を発揮する場所に事業努力（兵力）を再集中したといえるでしょう。

ウェルチは単なる管理者を排除し、自分が業績に責任を持つリーダーを育成しました。ＧＥの社員教育「ワークアウト」は、仕事の課題解決にオーナーシップ（自己の問題とする）を求める思考であり、経営への積極参加を求めて官僚制度を打破しています。

事業を幅広く展開すると、次第に集中的な強みが消えて弛緩し、凡庸なレベルに落ち込むことから、新たな突破力を生み出すため撤退と再集中を断行する。問題への解決策を、組織階層のトップのみではなく中間・現場などあらゆる階層で生み出して突破力とする。

ヒトラーは占領地を失うことを国家の威信を失うこと、メンツをなくすことだと考えて固執しますが、これは不採算事業から撤退せず、抱え続ける姿に似ています。

ノルマンディー作戦を成功に導いた要素は、現代ビジネスでも事業の拡大と再集中を必要とする、あらゆる組織に適用できる法則であるといえるでしょう。

ドワイト・アイゼンハワー

第二次世界大戦で対独作戦を立案。戦時の実務、調整能力に優れる。ノルマンディー上陸作戦では連合国最高司令官となる。一九五三年から六一年まで米大統領に就任。

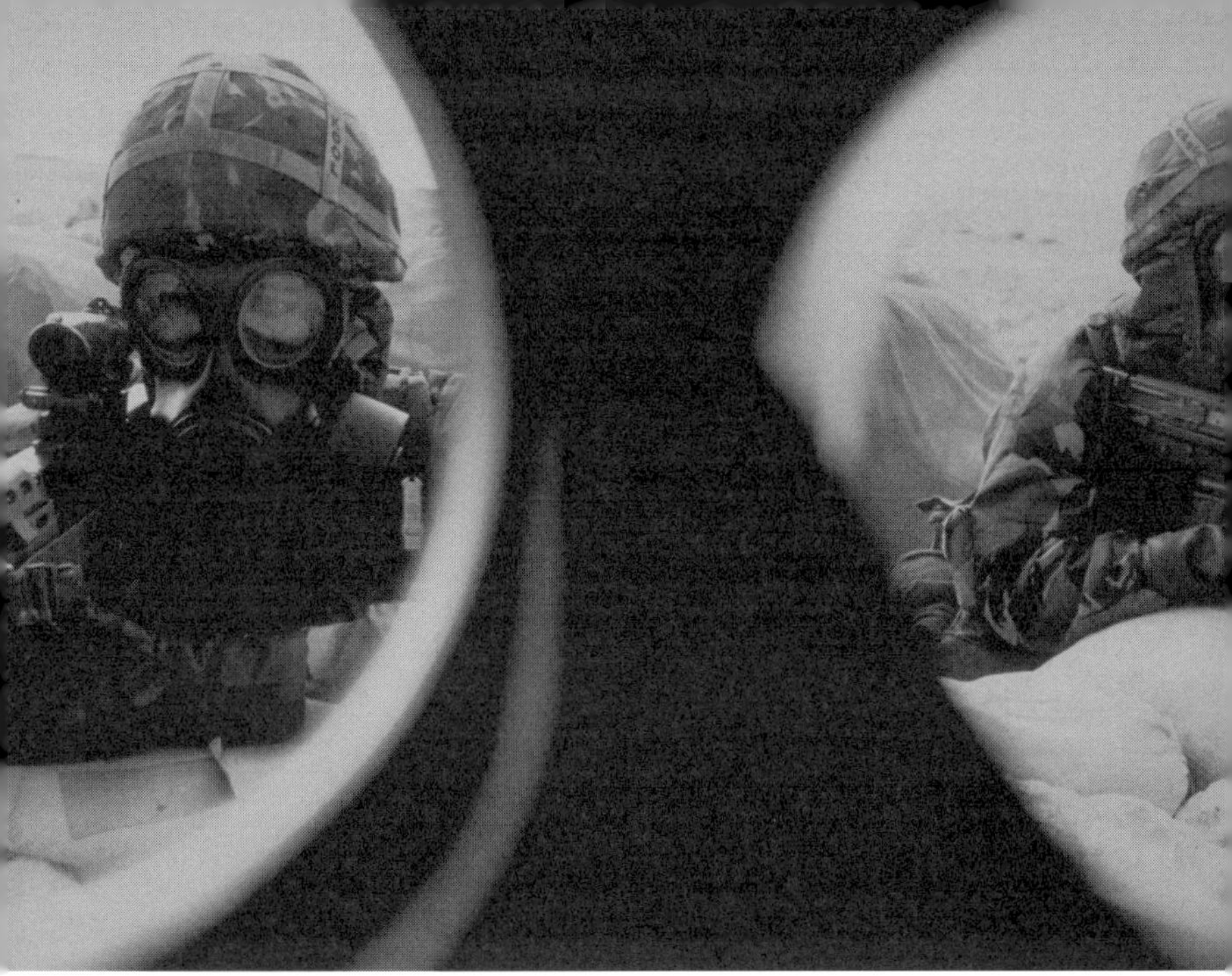

第9章

現代の戦争から「学習力」を学べ

——失敗から学び続け自己革新をくり返す力

30

毛沢東【朝鮮戦争】
ニッチで戦うなら徹底的にゲリラ戦を効率化する

Strategy

ゲリラ戦略

圧倒的な勝者の米軍を、なぜ中国軍は追い詰めることができたのか?

第二次世界大戦の終了から五年後、南北に分断された朝鮮半島で新たな紛争が起こる。米軍が一時半島を北上するも、中国軍の参戦で戦局は大逆転。なぜ中国軍は、最新装備と圧倒的火力を持つ米軍を大きく押し戻すことができたのか。

●米ソ二大国により、三八度線に境界が設定される

一九四五年六月に日本軍の沖縄での組織的な抵抗が消滅。八月上旬には広島、長崎で原爆が炸裂。ソ連が日本に宣戦布告し、一五〇万人が満州、四万人が北朝鮮に攻め込みます。

米軍は沖縄上陸作戦に疲弊し、米国務省・陸海空軍調整委員会は対策を協議します。

日本本土の上陸・占領に大兵力が必要と考える米軍部に対して、国務省はソ連の進出を抑えるため、米軍ができるだけ北上して日本軍の降服を受諾すべきと考えます。

「議論が続いたが、最後に朝鮮の一部で日本軍の降服を受け入れることで、アジア大陸の一部に足がかりを残す、ということで妥協した」(饗庭孝典『NHKスペシャル　朝鮮戦争』より)

三八度線の南をアメリカ、北をソ連が日本軍の武装解除を担当する案をソ連側も了承。当初三八度線に障害物などはなく、米ソの兵士が一緒に食事をしたり、トランプをする光景も見られましたが、統治方針の違いが次第に明確になり、半島内も政治勢力の対立が激化。米国はソ連の反対を押し切って朝鮮独立問題を国連に提訴します。

一九四八年五月に南朝鮮の選挙で李承晩《イスンマン》を大統領とする大韓民国が成立。北朝鮮も八月に選挙を行い、金日成《キムイルソン》を首相とする朝鮮民主主義人民共和国の樹立を宣言。

ソ連は同年一〇月に撤退を開始、米軍も軍事顧問以外は翌年六月に撤兵を完了します。

一九五〇年六月二五日、三年にわたる朝鮮戦争が始まる

三八度線で分断された南北の、微妙な均衡が崩れたのが一九五〇年六月二五日です。朝鮮戦争は三年間続きますが、最初の半年で劇的な展開が何度もあり、以降の二年近くは中国義勇軍VSアメリカを中心とした国連軍の一進一退が三八度線付近で続きました。

- **北朝鮮の奇襲で、韓国軍は開戦一か月で半島南端（釜山《プサン》）まで追い詰められた**
- **マッカーサーの仁川《インチョン》上陸で形勢が逆転、一〇月末に米軍は中国との国境に迫る**
- **米軍が国境線に近づいたことで中国軍が参戦、初期だけで六〇万人の兵員を動員**
- **一時中国軍が三八度線を越えて南進するも一進一退で二年が経過し休戦**

韓国軍は、開戦以前は警察組織程度の武装しか米軍から供与されていませんでした。

「北朝鮮は飛行機の援護があったが、韓国軍には高射砲中隊さえなかった。また韓国軍は、戦車の進撃を阻止することのできるいかなる種類の火器も所有していなかった」（マシュウ・B・リッジウェイ『朝鮮戦争』より）

朝鮮戦争における戦局の主な転換点

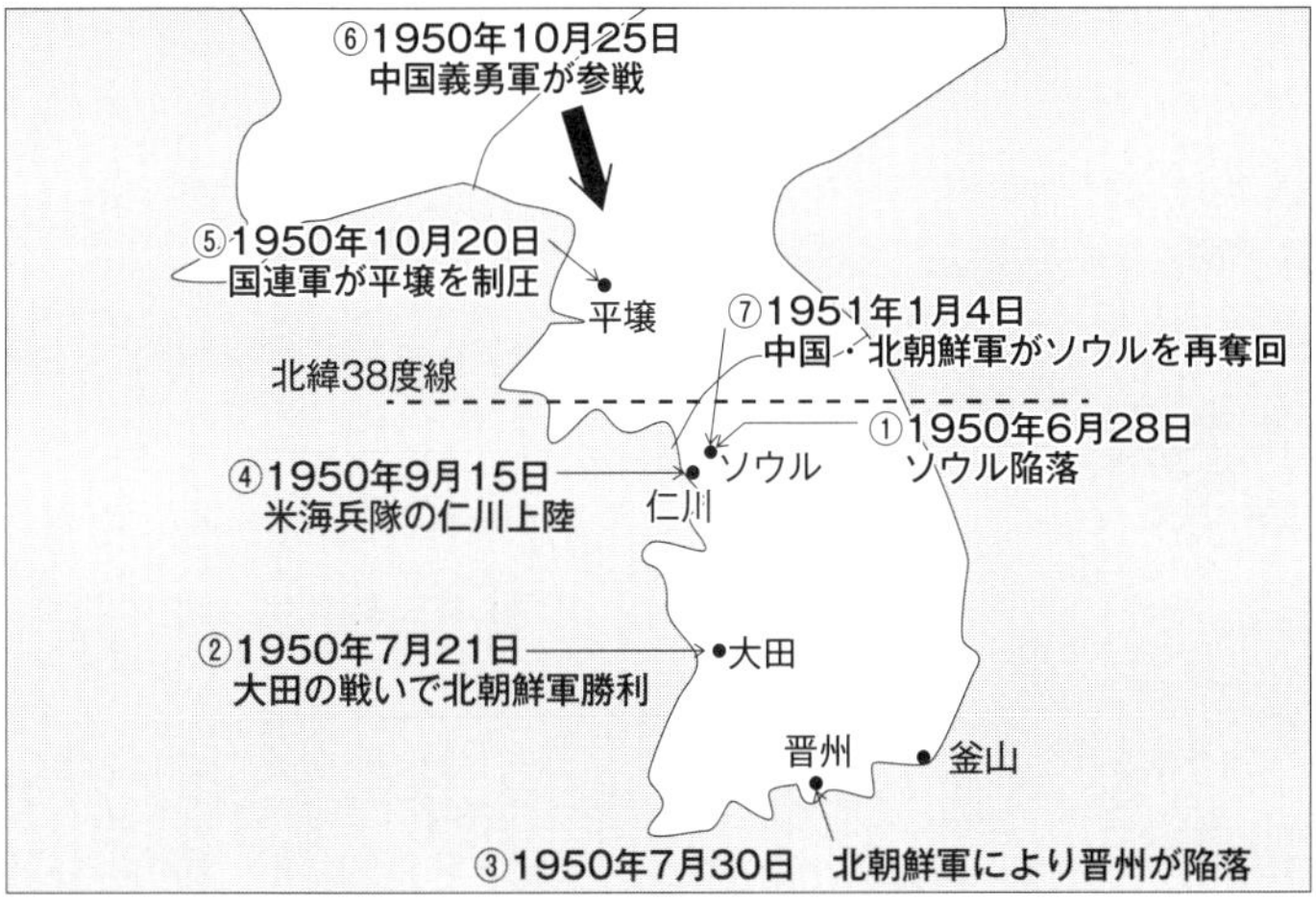
⑥1950年10月25日
中国義勇軍が参戦
⑤1950年10月20日
国連軍が平壌を制圧
平壌
⑦1951年1月4日
中国・北朝鮮軍がソウルを再奪回
北緯38度線
①1950年6月28日
ソウル陥落
ソウル
④1950年9月15日
米海兵隊の仁川上陸
仁川
②1950年7月21日
大田の戦いで北朝鮮軍勝利
大田
晋州
釜山
③1950年7月30日　北朝鮮軍により晋州が陥落

北朝鮮の奇襲に、国連の安全保障理事会は非難決議を行います。七月には占領軍として日本に駐留していた米スミス支隊が半島に到着。しかしT－34戦車を持つ北朝鮮軍に対抗できず、部隊は壊滅寸前で撤退。八月には一六か国が朝鮮半島に軍を派遣します。

米・韓軍は七月末には釜山を中心にわずか南北一四四キロ、東西九六キロの地域だけを保持しており、朝鮮半島のほぼ全域が北朝鮮軍に占領される窮地に追い込まれます。

潮目が変わったのは九月一五日、米軍の仁川上陸作戦からです。朝鮮半島の中西部（ソウルから西に約四〇キロ）の仁川港に、米海兵隊を中心に五万人が奇襲上陸します。

毛沢東と参謀たちは予想していた米軍の仁川上陸が現実になり、参戦検討に入ります。北への退路を断たれる恐れが出た北朝鮮軍は、撤退を開始。撤退する敵を追いかけて米軍と国連軍は三八度線を回復しますが、さらに北進すべきか否かで議論は分かれます。

しかし同年一〇月には韓国軍、次いで米軍と国連軍が三八度線を越えて北進を開始。北朝鮮が中華人民共和国に支援を要請する一方で、米軍のマッカーサー元帥は、中国参戦の可能性はないと判断。東西に軍を二分してさらに北進しました。

米軍と国連軍は一〇月下旬には中国の国境線の鴨緑江《おうりょくこう》まで、あと五〇キロまで進軍。毛沢東は参戦を決断。第一陣の参加兵力は約二六万人、東西で分進した米軍が通らない山脈地帯に一部は潜伏して、攻撃と同時にまず西側の米韓軍に包囲戦闘を仕掛けます。一一月には東海岸から北進した米韓軍も中国軍と遭遇して包囲されて窮地に陥り、一二月には撤退を開始します。

「圧倒的な火力があった。それにも関わらず国連軍は押された。中国軍は夜と山を利用し、国連軍の弱い地点に数倍の兵力を集中して奇襲攻撃をかける、それも人海戦術として知られた犠牲をものともしない攻撃で局面を掌握した」（前出『ＮＨＫスペシャル　朝鮮

戦争』より）

●山に立てこもって、ゲリラ戦をやる心がまえはあるかね

九月に朝鮮戦争の調査をした中国共産党の林彪《りんぴょう》は「あの人たち（朝鮮労働党）は山にたてこもってゲリラ戦をやる心がまえはあるかね」と聞いています（前出書より）。険しい山岳地帯は近代装備の米・国連の大軍が苦手として、あえて進軍したがらない地域です。見通しが利かず、大軍の優位性が消え、敵が地理に精通しているからです。

これは先に紹介した『競争しない競争戦略』のニッチ戦略の定義に似ています。ニッチ戦略は相手と戦わない（相手が攻めてこない）戦場を選ぶことであり、差別化戦略は、相手と違う形で競うことを意味していました。

大手が求める合理化とは逆に、独自の高品質で参入しにくくすること。市場規模を一定に留めることで、大量販売が必要な大手に魅力のない市場にすることなどです。

ニッチに根拠地を置き続けて大手企業の脅威を避けながら、ここぞという一点で集中できる勝機を見つけて大手の売上を局所的に奪う戦闘を仕掛ける。まさにゲリラです。

また、ゲリラ戦で生き延びた企業がよく犯す間違いも朝鮮戦争で指摘されています。

「われわれの同志の中に外国の正規戦術に束縛され、大通りを正々堂々としか進軍できない者がいる（中略）。制空権のないまま、われわれの夜戦に強い長所を発揮できず、砲兵も上手に使用できない」（前出書より）

ゲリラであるにもかかわらず、大手の得意とする白昼の大通りで戦闘を行おうとする。生き延びてきた理由を忘れて、大手に相応しい戦略・戦術、大手に意味がある効率化を追求すれば、ゲリラには命とりになることさえあります。

ゲリラ部隊にとっての効率化とは、例えば次のようなことです。

- **販売量を限定できる製品をもう一つ出す**
- **「ひと手間かけて魅力を引き出す」を継続できる体制づくり**
- **いたずらに新規市場に飛び込まない（むしろ残存者利益を狙う）**

個性的な美味しさで繁盛していたレストランが、人気に応えるため床面積を広くしたり、建物を新しく大改装したとたん味が急に落ちて、廃業に追い込まれることがあります。

店舗が古いままで固定費が安く、損益分岐点が低いことで味と素材にこだわることができていたのに、自らのゲリラの強みを捨て間違った効率化で敗れたのです。

中国共産党の指揮する義勇軍は、三〇万の軍勢でも、ゲリラの自覚を崩しませんでした。米・国連軍の強力な火力、大軍という敵の優位から目をそらさなかったのです。

一時劣勢に立たされて、米トルーマン大統領は核兵器使用の可能性を示唆。マッカーサー元帥は中国領土の爆撃など戦線拡大を主張しますが、五一年四月に解任されます。

南北合わせて約二〇〇万人の犠牲を出したと言われる朝鮮戦争は、一九五三年に休戦協定が結ばれて、ようやく停戦を迎えました。

毛沢東

一八九三年生まれ。辛亥革命に兵士として参加。のちに中国共産党を創設し、日中戦争で抗日戦線を展開。終戦後、中華人民共和国を建国。朝鮮戦争、ベトナム戦争にも関与した。

31

当時者意識の増殖が劇的な逆転勝利を生む

ボー・グエン・ザップ【ベトナム戦争】

Strategy

学習増殖戦略

なぜベトナム軍は、圧倒的な火力を持つ米軍に勝てたのか？

第二次世界大戦が終わり、東南アジアは民族独立の気運が高まる。ソ連と中国からゲリラ戦の指導を受けたホーチミンは、農民を兵士に育てて巧みな指導を行い、国家の独立を成し遂げる。彼らはなぜ、圧倒的な近代兵器を持つ米仏に勝てたのか？

●巨人ゴリアテ対青年ダビデの戦いよりも大きなハンデ

「どんな国の歴史でも、人口や富の点でこのようにケタちがいの小国と対決した例はなかった。アメリカ対ベトナム人民の対決と比較すれば、ダビデとゴリアテの対決でさえ、ほぼ均衡した相手同士の戦いといえるであろう」（W・G・バーチェット『解放戦線はなぜ強い』より）

インドシナは一八六〇年代からフランスの侵略を受け、一八八七年には現在のベトナム・ラオス・カンボジアを含めたフランス領インドシナが成立します。その後、フランスがヒトラーのドイツに敗れて、日本軍が進駐。しかし日本も敗れたため、ホーチミンが一九四五年九月にベトナム民主共和国（北ベトナム）の樹立を宣言します。

しかし、第二次世界大戦の戦勝国はベトナム民主共和国を認めず、北部を中国の国民党軍が、南部をイギリス・インド軍が日本軍の武装解除を担当します。その後、もと宗主国のフランスがベトナムに続々と軍事力を派遣。一九四六年一二月にハノイで市街戦が起こります。

一九五四年三月、ディエンビエンフーに拠点をつくりゲリラを平地におびき出そうとしたフランス軍に、ベトナム共産党軍は闇夜に移動して大部隊で包囲。一万二〇〇〇のフランス軍を五万～七万のゲリラ勢力が囲み、約一〇〇門の大砲で砲撃します。そうして二か月後の五月には、フランス軍が降服。約八年間にわたる第一次インドシナ戦争が終結します。

しかし、フランスに勝利したベトナム共産党に、すぐに平和は訪れませんでした。共産勢力のアジア拡大を怖れたアメリカが介入したからです。

ベトナム戦争における主な出来事

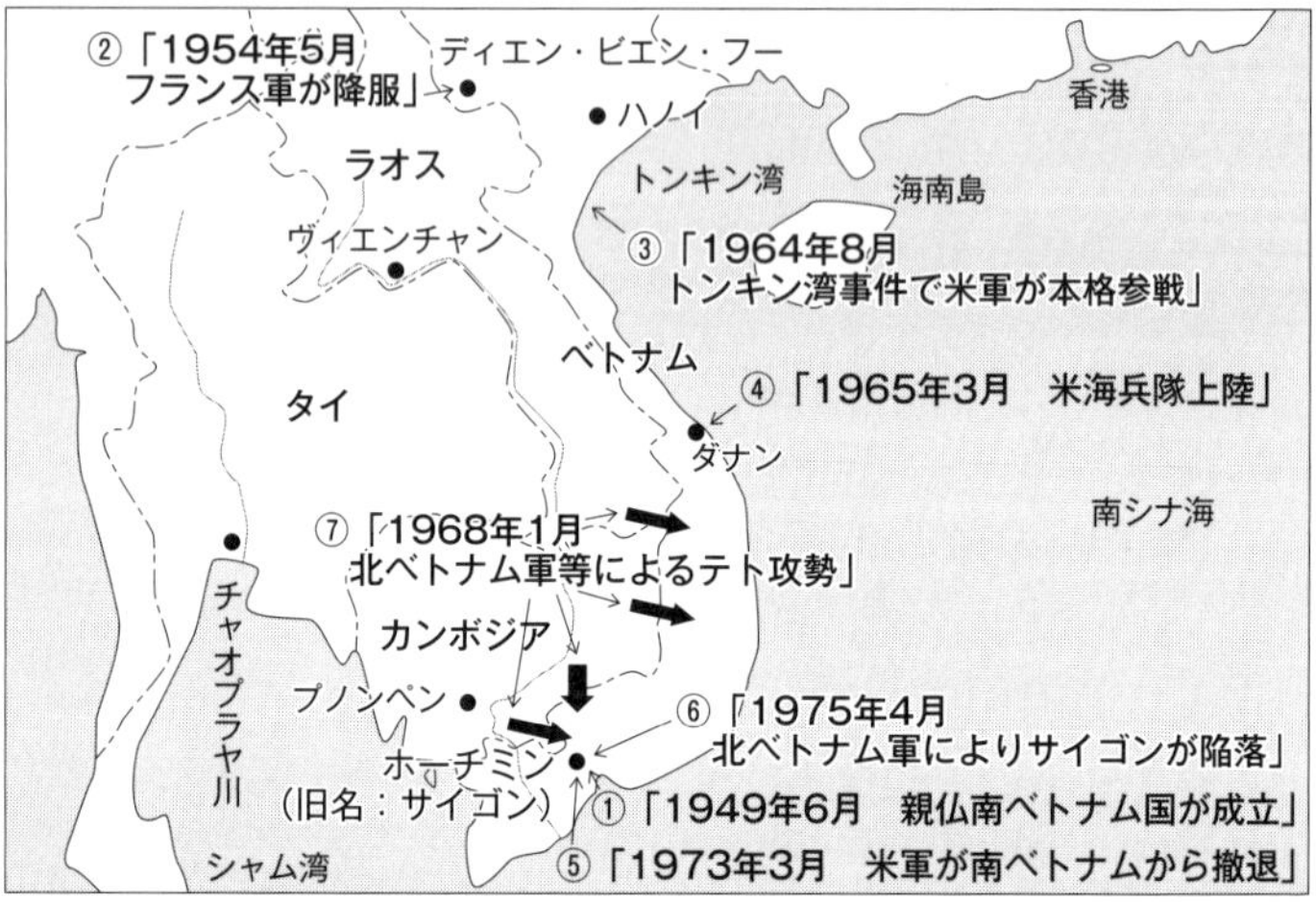

アメリカの介入で建国したベトナム共和国（南ベトナム）は、汚職が蔓延し市民を弾圧、一九六〇年には南部で南ベトナム解放民族戦線（ベトコン）が結成されて内戦が始まります。

一九六一年からアメリカは特殊部隊を派遣しますが、当初は南ベトナムの政府軍への訓練と指導であり、アメリカは戦争のベトナム化（ベトナム人同士の戦争）を意図していました（有名な米陸軍特殊部隊のグリーンベレーも、山岳民族の軍事訓練のため派遣された）。

しかしベトナム人民の抵抗は激しさを増し、ゲリラの支配する解放区が南部に増加。

そのため一九六五年に米軍が本格的に進

攻、北ベトナムへの爆撃（北爆）を開始。六五年には五万四〇〇〇だった米軍は、六六年八月には三〇万人、最盛期は五〇万人を投入して戦争は急拡大していきます。

学習を共有しながら、分裂と増殖をくり返す解放戦線

北ベトナムの指導者ホーチミンは、祖国解放を目指して世界各国で支援を得るために活動した人物で、その幹部のボー・グエン・ザップ将軍は孫子を含めた軍事戦略を研究していました。しかし、初期には彼らはほぼ無力な存在でした。

「ボ・グエン・ザップは、一九四四年十二月二十二日、まず有名なチャン・フン・ダオ小隊、すなわちボルト式ライフル銃十七丁、燧発銃十四丁、ピストル二丁で武装した三十四人を手始めに軍事機構をつくり上げ、約十年後のディエンビエンフーでの歴史的戦勝をクライマックスとする、フランス植民地軍に対する勝利をかち得たのである」（前出書より）

フランスから祖国を取り戻したザップ将軍は、わずか三四人の部隊から始めたのです。同様に解放戦線の戦略は、南ベトナムに侵入して、学習と教育をしながら分裂と増殖を

くり返して膨張することでした。

解放戦線（ベトコン）の強さの理由

- **「なぜ、誰のために戦うか」という当事者意識を徹底して醸成する**
- **現場部隊のフラットで平等な組織が生み出す危機学習能力**
- **教育を受けた者が、教育をする側になる分裂・増殖術**
- **民衆を味方にして、最初は敵の武器を奪取することを第一目標にした**

解放戦線では新兵にまず、「なぜ、誰のために戦うか」を質問形式でやり取りします。祖国が外国からの圧政下にあり、自分が問題の当事者だと心の底から理解させるためです。その上で「勝利できることは確かだ」という点を戦術・理論面から学ばせます。

現場部隊は三人組が最小単位で、三つの三人組プラス一人のリーダーの合計一〇名で分隊となり、作戦の議論や批判を、隊長も部下も平等な立場で行います。

「卒伍の兵は何も上からムリに押しつけられることがないこと、主要目標をつねに念頭におきつつ、損害を避けるための提案が歓迎されることを知っているのです。司令部は集団

全体の考え方を常に知っているという利点も持っています。こういう討論は、知能ある勇気の具体的な表現です」（前出書より）

初期の部隊で戦闘経験を積んだ者が、新たな分隊を組織し、学んだ者がさらに新しい部隊をつくる。ある種の生物のように、解放戦線は兵士全員で学習と教育を行いつつも、分裂し増殖をくり返して大軍団になっていきます。

さらに南ベトナムの住民の協力も得て敵の武器を奪い、勝つたびに武器の装備をグレードアップしていきます。敵を補給源とするのは毛沢東の遊撃戦論と同じです。

「一九六四年末のこと、フランス製の旧式ライフルや軽機少数を除けば、基地のキャンプ内でも、ジャングル内の道でも、お目にかかるものはすべて、帯ヒモ、水筒、はては小麦入れの背負い袋にいたるまで、全部アメリカ製であった」（前出書より）

米軍との戦闘を学び、高速で全組織に突破法を共有させる仕組み

解放戦線は、南ベトナム軍が米軍のヘリコプター輸送を利用し始めたとき、一時的に不

利な立場に立たされますが、一九六三年にはアプバクの戦いでヘリコプター空輸作戦を打ち負かせる戦術を考案します。待ち伏せでヘリ部隊を撃墜し、救援部隊も敗北させたのです。その後、米軍と解放戦線が激突した戦闘でも、戦果はすべて学習対象となりました。

「この最初の戦闘の結果はまず参謀部で、ついで全国の解放軍部隊で、討論され分析されたと語った。そこから得られた教訓は、長所も短所もすべて、バウバンやダウティエンの戦闘に活用された」（前出書より）

最高司令部から送られた分析や経験を元に、各部隊は数か月間訓練と戦闘での実践を行いました。これにより、米軍とはじめて遭遇した部隊も敵の弱点を知りながら戦うことができたのです。「なぜ、誰のために戦うか」を徹底的に議論した兵士は、自ら戦闘の当事者として奮戦し、フラットで批判を怖れない組織があらゆる階層からの指摘、アイデアを結実させていく。さらに組織全体として、体験から学習したことを戦略化し、細胞ともいえる各部隊に瞬時に連絡して研究、実践を全兵士のあいだで促進させる。

個人の意欲や自主性を最高に発揮させながら、学習を組織全体に高速で取り込み、それを全員に考えさせる。解放戦線が、米軍とのゲリラ戦に最終勝利をした理由は、その組織論と人間を扱う理念の違いにあったともいえるのです。

●米軍側から見た敗因：最強の軍隊が撤退した三つの要因

米軍側の視点で、ベトナム戦争の「なぜ」に答える有名な書があります。米国防長官だったロバート・マクナマラの『マクナマラ回顧録』や、デイヴィッド・ハルバースタム『ベスト&ブライテスト』などの書籍です。

注意点の一つは、米軍は戦闘には負けていないことです。一九七三年に撤退した時点で、米軍の全損害は約二〇万五〇〇〇人、北ベトナムとベトコンの損害は約二五〇万人、戦闘の損害率では米軍・南ベトナム・北ベトナムは一・六・一二であり、敵側に膨大な痛手を与えたことがわかります（松村劭『戦争の20世紀』より）。

その上で、米軍撤退の理由は大きく三つ提示されています。

一つは過度の理想主義の蔓延です。第二次世界大戦の勝利と繁栄から、アメリカは遠大な目標を追求すべきという空気に包まれ「世界におけるアメリカの過度の役割」（前出『ベスト&ブライテスト』より）に疑問を差し挟めず、根拠なき万能感に支配されていました。

二つ目は、現地と意思決定するワシントンの遠さです。現地の実態をつかめないケネディは苛立ち、二名の高官を派遣しますが、帰国後二名は所属する立場から正反対のことを述べ、ケネディが「君たち二人は同じ国に行ってきたんだろうね」（松岡完『ケネディとベトナム戦争』）とあきれるような状態だったのです。

三つ目は、朝鮮戦争での中国共産党軍の影響です。アメリカは朝鮮戦争で中国軍の参戦を引き起こして一時苦境に陥ったため、ベトナム戦争では北ベトナムへの爆撃を、攻撃対象から外したエリアが複数存在しました。中国軍の参戦やソ連との衝突を避けるためです。この配慮は、北ベトナムへの二〇〇万トンもの航空爆撃の効果を半減させ、北ベトナムから解放戦線側への補給を継続させて、南ベトナムの敗北につながりました。

極限の当事者意識と組織学習力、人を無限の可能性に変える力

世界的に著名な経営思想家のゲイリー・ハメルは、著書『経営は何をすべきか』で、今経営者が取り組むべき五つの課題をあげています。

生き残るための五つの課題

- **いま理念が重要である**
- **いまイノベーションが重要である**
- **いま適応力が重要である**
- **いま情熱が重要である**
- **いまイデオロギーが重要である**

ハメルのあげた五つの課題はすべて重要ですが、イデオロギー（信条）が重要だと指摘している点には特に注目をしたいところです。同氏は事例にカリフォルニア州にあるトマト加工企業であるモーニング・スター社をあげています。同社は過去二〇年間、二ケタの成長率を記録し続けていますが、驚くことに同社には上司という存在はいません。

自社のミッションを決めておき、それに応じて社員が自己管理で成果をあげ、社員同士で合意を形成しているのです。上級幹部に意思決定の権限を集中させるのではなく、一般社員にその道具を持たせるほうが効果もスピードも高くなると信じているからです。

「必要なのは、なんのためになにをやるかを知っている兵、必要な場合、一体となって行動するが、それぞれ具体的な問題の解決に、それぞれの経験と知能を生かす個別の存在となっている兵なのです」（前出『解放戦線はなぜ強い』よりゲリラ将官の言葉）

一人の人間は単なる部品か、あるいは無限の可能性なのか。

高度な火器と物量、遠方からの援護砲撃がある米軍の兵士は、ゲリラの解放戦線兵から見て「ジャングルで白兵戦を戦う心の準備ができていなかった」のです。

システムに保護された一つの部品と見なして扱えば、人は期待された枠組みに合う行動しか行わないでしょう。組織全体の学習力と、極限の当事者意識を持った個人を育てることが創造性を生み出し、最新兵器では劣勢だった解放戦線を劇的な勝利に導いたのです。

ボー・グエン・ザップ

一九一一年生まれ。ベトナム民主共和国を設立したホーチミンの幹部として、数多くの軍事作戦を指揮。その手腕から赤いナポレオンと呼ばれた。若い頃、歴史の教師だった。

32 どんな組織も変わり続けないと生き残れない

コリン・パウエル【湾岸戦争】

湾岸戦争で、なぜ多国籍軍はベトナムの二の舞にならなかったのか？

ベトナム戦争で苦難の戦いを経験したアメリカは、失敗から自信を喪失する。新たな飛躍を生んだのは、実戦経験を積んだミドル層の横断的な戦略模索だった。泥沼の地上戦が予想された湾岸戦争で、米軍と多国籍軍はなぜベトナムの二の舞を避けられたのか。

Strategy

内発的学習戦略

拡散する地域紛争と米ソ冷戦の終結、そして自らへの疑問

第二次世界大戦の終結で民族独立の運動が世界に広がります。アフリカ大陸は複数の部族、異なる宗教が混在し、大戦後は民族独立と併せて激しい内戦が展開されました。

中東地域では、イスラエルとアラブ諸国のあいだで一九七〇年代まで数度の戦争が行われます。この戦争は各国が双方へ軍事支援を行い、大規模なものとなりました。

アメリカとソ連を中心とした冷戦は、朝鮮戦争やベトナム戦争へも大きな影響を与えました。しかし軍備拡張を競った二大国は膨張する軍事費に苦しみ、やがてソ連の最高指導者となったゴルバチョフの改革で、一九八九年に米ソは冷戦の終結を宣言します。

中東の産油国であるイランとイラクは、一九八〇年九月に国境紛争から戦争に突入。八年間繰り広げられた両国の戦争は、のちの湾岸戦争のきっかけの一つとなりました。

アメリカは長く苦しんだベトナム戦争で傷つき〝ベトナム・パラダイム〟と呼ばれる思想が広がります。それは軍事介入について極めて慎重で消極的な思想でした。

「アメリカ国が軍事行動で成功をおさめることができそうな場合でも払う犠牲は極めて大きいだろうから、自分たちは、かかわりたくない。それに今は軍事力よりも経済力のほうが重要な時代であるから、軍備や戦争に金を注ぎ込むのは、自滅への道を歩むことになるのではないか」(リチャード・P・ハリオン『現代の航空戦　湾岸戦争』より)

一方で「ベトナム戦争で見えた問題点」を解明して、改革を目指す勢力も出現します。

「陸軍の改革を手がけねばならない。ヴェトナム戦争は一つのよい結果をもたらした。そ

れは、軍のいろんなやり方に疑問を抱かせてくれたことだ」（前出書より）

『現代の航空戦　湾岸戦争』は、ベトナム戦争の教訓を主に三つ指摘します。

①みずから不利な均衡（消耗）を生み出す戦い方をした

小出しに航空戦力を使用して被害が増加したこと。北ベトナムが全面勝利を目指して戦っていた頃、米軍は戦線拡大を防ぐため配慮した航空作戦を実行したことを指す。

②戦場からはるか遠く離れた場所の役人が日々の作戦や戦術を指導した

毎週火曜日のホワイト・ハウスの昼食会で攻撃目標や交戦要領が決められ、その決定もくだらない理由で目まぐるしく変更された。最前線の戦果は当然低かった。

③核戦争に合わせていた航空機の被撃墜の多さ

朝鮮戦争では一機の米軍機で一〇機を撃墜したのが、ベトナム戦争では米軍一機で敵一機と大幅に悪化。核戦争を想定した飛行機は空戦が苦手で訓練も不足していたのです。

米軍は感情的な敗北論に流されず、有効だと証明された二点にも着目し発展させます。

①レーザー誘導爆弾の精密攻撃

ベトナム戦争後期は誘導型の投下爆弾が使用されます。二万一〇〇〇発のレーザー誘導爆弾のうち八〇%が命中（陸上戦闘部隊を航空支援する際にも、有効性が強く発揮された）。

②トップ・ガン課程を一九七二年に開校

ベトナム戦争での教訓から、海軍は優秀な戦闘機乗りを育成するトップ・ガン課程を開講します。空軍も実戦に近い模擬戦を行う課程を創設して研究を始めました。アメリカの戦闘機はその後の世界の紛争で優位性を実証し、次第に自信を深めていきます。

●トップダウンではなく「中間層の熱意」で新たな戦略創造が進められた

『現代の航空戦』に〝戦闘機マフィア〟なる言葉が出てきますが、ベトナム戦争を経験した空軍関係者を指します。彼らは横のつながりを最大限活用して意見を形成します。

「七〇年代になされた改善は主として軍のなかから湧きあがる発意に基づいたもので、『中間管理職』レベルのイニシアティブを、ヴェトナム帰りが『二度とあんな事は繰り返すまいぞ』と強力に後押しし、ヴェトナム時代の手続き、組織、ドクトリン、装備等の不備を改善する努力をしたのである」（前出書より）

ベトナム戦争後、米軍内では公式・非公式を問わず、また縦割りではなく実戦を経験した者の横のつながりで、新たな戦略発案をするグループが複数形成されています。新たな戦略と戦術を追求して、巨大組織の中から殻を破る核を彼らが形成したのです。

○○で勝つことは、ビジネス全体で負ければ関係ない

私たちは自らに都合のよい言い訳を好みます。失敗の現実から目をそらし、自分を慰めるためにです。南ベトナム崩壊の五日前にハノイであったやりとりです。

「米陸軍大佐ハリー・Ｇ・サマーズ・Ｊｒが北ヴェトナムの大佐に『わかっているだろう

な。俺たちは戦場で負けたんじゃないぞ』と言ったところ、北ヴェトナムの大佐は『そのとおりだろう。だが、それは関係がないよ』と答えたのだった」（前出書より）

○○では勝っている、でも戦争全体では負けた。この言葉は形を変えて現代ビジネスに使われています。認めたくない真実に、私たちは耳触りのよい言い訳をしているのです。

- **技術では勝っている、でもビジネスでは負けた**
- **良い製品をつくっている、でも販売では負けた**
- **味には最大限こだわっている、でも商売としては他店に負けた**
- **伝統を守っている、でも商売としてはもう続けられない**

ベトナム戦争で米軍は、戦闘で勝ちながらも戦略的な勝利の自信を失いました。北ベトナムの将校が答えたように、戦争の成否に「それは関係なかった」からです。

過去数年のあいだ、日本企業は「ビジネスで負けていても、技術では勝っている」と言われてきました。しかし競争の争点は当然ビジネス全体であり、ベトナム戦争で負けた米軍のように、自己欺瞞から脱出して目の前の現実に気づく必要があるはずです。

米軍は、ベトナム戦争以降「戦争の勝敗を左右する」要素に賢明にも立ち戻ります。

「砂漠の盾作戦」、すべてを凝縮して勝利した米軍

一九九〇年八月、イラクの大統領サダム・フセインは隣国クェートに一〇万人の兵力で侵攻。国連は緊急安全保障理事会を開き、イラク軍へ即時無条件撤退を求めます。米軍は国際世論を整えたうえで、大規模な軍事行動で一気に勝利を得ることを狙いました。米軍のトップは、ベトナム戦争にも従軍した統合参謀本部議長のコリン・パウエル氏。周辺海域に展開した米軍は四二万人以上、多国籍軍も二五万人以上に達しました。偵察衛星や無線解析でイラク軍の配備は詳細に分析され、空中警戒管制機が二四時間動向を監視している新たな戦場が準備されます。

一九九一年一月一七日午前三時にトマホーク巡航ミサイルがバクダッドの主要施設を一斉攻撃、多国籍軍による「砂漠の盾作戦」が始まります。

防空シェルターを持つイラク軍に、航空攻撃は困難と予想する専門家もいましたが、誘導ミサイルによるピンポイント攻撃で、次々とシェルター内の兵器を破壊していきます。

海上から行われた巡航ミサイル「トマホーク」は、作戦初日に五二発中五一発が命中、作戦期間に総計二九〇発が発射され八五％の命中率を誇りました。巡航ミサイルの命中精度の高さにより、有人機の役割は区分されて被害を減らしました。

敵の拠点を次々と破壊するも、完全に制空権を確保するまで多国籍軍は地上作戦を控え、十二分に敵の航空兵力を粉砕したのち進軍。二月二四日からわずか四日間の地上戦でクェート市の解放に成功します（ベトナム戦争は本格的な侵攻から八年を費やした）。

●戦場の形が変わり続けるビジネス、学習する組織の革新の力

ベトナム戦争で「戦闘での優位が必ずしも全体の勝利に結びつかない」ことを米軍は学びました。政治世論の形成、非消耗戦で完結することが目標に追加されたのです。

精密誘導爆弾やミサイルは、上空から大量にばら撒く空爆を時代遅れにしました。これにより、巨大組織がピンポイントで精密な戦闘を実行できるようになったのです。

戦場の形が幾度も変わる新時代を迎えているのです。

勝敗を決める重要ポイントは変化し、戦場の領域が広がったり形を変える時代です。

内発的学習戦略 失敗に学び、内部からの自己革新で勝利する

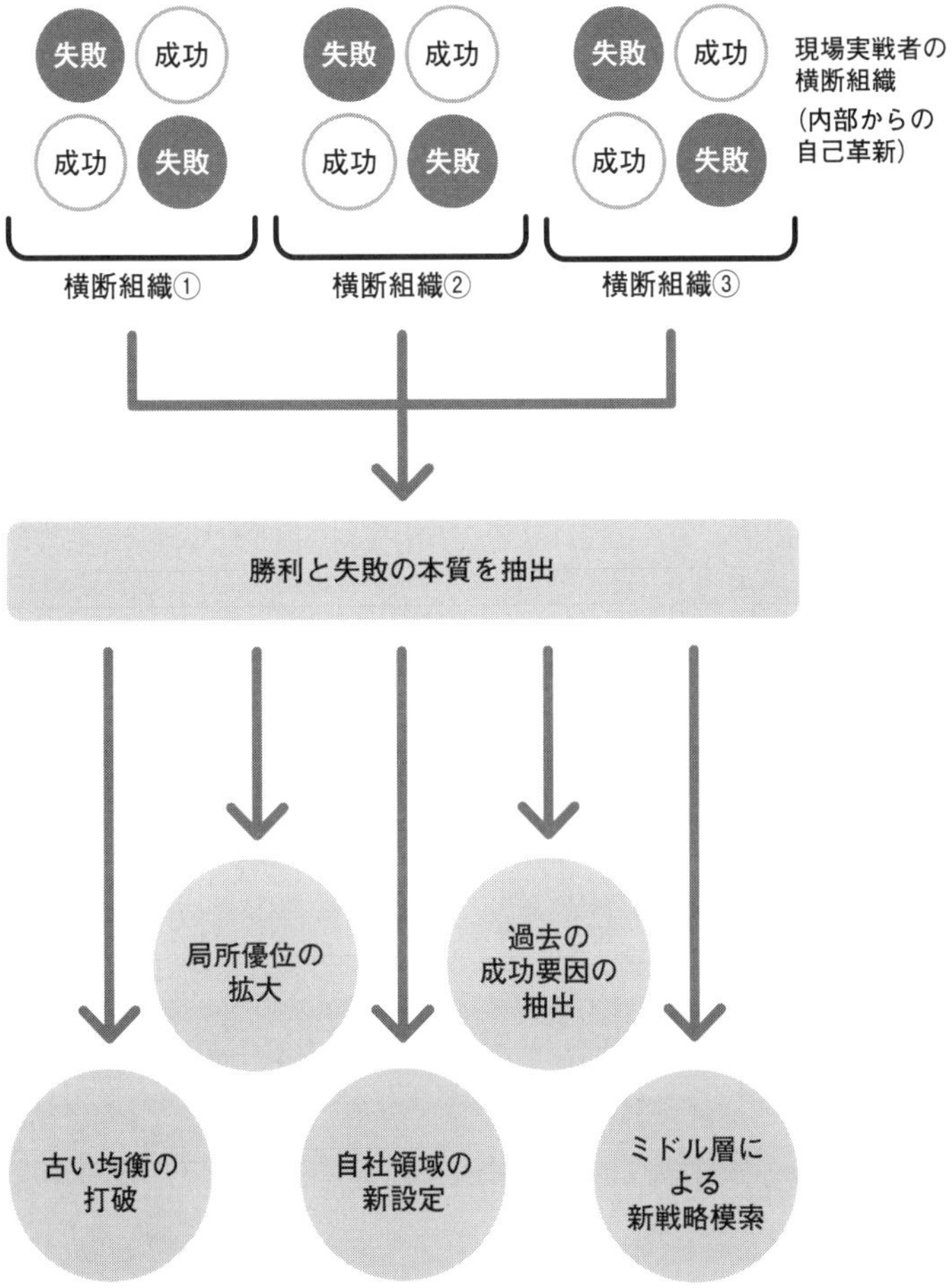

飲料メーカーが医薬品事業を行い、携帯事業会社がロボット開発を手掛ける時代です。世界有数の自動車メーカーのトヨタは、現在では自動車を製造するだけではなく、自動車文化の育成や社会インフラの形成までも目指しています。

ヴァーチャルな影響力とリアルの融合で圧倒的な強みを発揮する企業も増えています。グーグルは検索エンジンだけではなく、サーバー構築で世界的なシェアを持ち、フェイスブックも同様にサーバー設備への投資を急増させています。ネット書店のアマゾンが、巨大物流倉庫に大規模な投資を続けていることはみなさんの記憶にも新しいでしょう。

米軍はハイテク機器で遠距離から敵を捉え、確実に撃破する遂行力を持っています。

一方で停滞を続ける組織も増えています。長く続いた均衡を打破する構造がなければ、小出しに行う努力はすべて均衡に吸収され消滅するからです。戦線を拡大し続けたヒトラーに、ドイツ軍の参謀たちが戦線縮小と再結集を嘆願したことを思い出してください。均衡からの消耗戦を怖れた米軍は、六〇万人以上の大群を集めて戦闘を開始しました。

米軍に学ぶ、学習する組織の質問リスト

・これまでの均衡を打破する突破力は設計したか？

- **顧客との関係で「局所優位」を拡大できるか？**
- **自社のビジネス領域を効果的に新設定しているか？**
- **無効な行動を発見して棄却できているか？**
- **継続的に有効な指標を見抜いているか？**
- **組織のミドル層が、横断的に集まり内部から新戦略を模索しているか？**

「戦闘で勝つことが、戦争の勝利につながらない」という気づきは自己否定を含みます。米軍は世界で最も戦闘に強い軍隊だからです。しかし、戦場の形が変わる世界では、新たな自己否定に直面したとき、それを受け入れて自らの戦う領域を効果的に再設定できる組織のみが生き残ります。

湾岸戦争と続くイラク戦争で、標的が確認できれば確実に撃破できる戦場が展開されましたが、現代では「明確な敵の姿が見えない」異なる戦争に移行を始めています。

ビジネスでは人を殺す武器を手に争うことはありません。しかし人間が時間と共に進歩を続ける限り、ビジネスの戦場もまた形を変えていきます。新たな地図を描き続けることこそが、人と組織に新時代の役割を発見させて、社会を常に進歩させるのです。

コリン・パウエル

ベトナム戦争にも従軍し、数々の功績をあげる。一九八九年にはアメリカ初の黒人の統合参謀本部議長となる。シュワルツコフ米中央軍司令官と共に、湾岸戦争の指揮で活躍した。

おわりに

歴史が私たちに教える勝者の条件とは

「勝者と敗者を分けるのは何か?」

人類三〇〇〇年の歴史を見てきた私たちは、「はじめに」のこの問いに、今どのように回答すべきでしょうか。各戦争から、歴史が勝敗を決めるカギを絞り込むとすれば、次の四つの要素が浮かびます。

①局所優位を生み出す力(限定的な強み)
②強みの活用法・運用法(ノウハウ)
③外界の翻訳力(問題を再定義して機会を見つけ、組織を動かす力)
④探索力を増強する目標(新たな情報や知恵を取り込む力)

シンプルに表現すれば「局所優位」「活用法」「翻訳力」「目標」の四つです。四つの要素を十二分に使いこなした側が勝者となり、欠けている側が敗者となるのです。

①「局所優位を生み出す力（限定的な強み）」

すべての場面で強い軍隊など存在しません。あらゆる集団は、まず限定的な場面で勝利を収めるための、局所優位を生み出せる力を手に入れようとしてきました。

②「強みの活用法・運用法（ノウハウ）」

自軍の強みを最大限発揮する条件を整え、逆に相手の強みを潰す、発揮させない対策をする能力のこと。相手の強みが支配する場所から逃げることも重要な選択肢の一つです。

③「外界の翻訳力（問題を再定義して機会を見つけ、組織を動かす力）」

現在がどんな状態で、自分たちが何をすべきなのか。環境や敵情は刻々と変わることから、現状に対して正しく問題を再定義するリーダーがいる側が優位になります。

④「探索力を増強する目標（新たな情報や知恵を取り込む力）」

掲げている目標は、どのような情報や知識を集団の中に取り込むか〝探索力〟を決定します。インディアンの抵抗戦争では、単に現在の生活や勢力を守ろうとした側は、限定された知識にしか興味がなく、一方で敵を滅ぼすか支配下に置こうとした側は、より広い情報を吸収して相手を詳しく観察しています。

外界の翻訳力とは、リーダーの問題定義力でもあります。元を滅ぼし、明帝国をつくり上げた朱元璋は、盗賊軍団の中で「これでは問題は解決しない」ことを強く意識して南方地域へ移動しました。アステカ帝国を征服したコルテスは、「膨大な富と栄光は目の前だ」とそそのかし続けて、極限の武勇を部下たちから引き出しています。

探索力を増強する目標とは、勝利に必要な知識や情報を集める引力を持つ目標を作り上げることです。達成するためには、新たな情報や創意工夫が必要だと認識させる目標を意図的に立ち上げるのです。

「あなたがた白人は、たくさんのものを発達させてニューギニアに持ち込んだが、私たちニューギニア人には自分たちのものといえるものがほとんどない。それはなぜだろうか？」

これは「はじめに」でご紹介したジャレド・ダイアモンドの『銃・病原菌・鉄』の質問ですが、本書の答えはシンプルに「世界を覆うような目標を掲げる文化を持っていたか」が巨大な違いを生み出したと判断します。

西欧諸国が大航海時代に異国に辿り着き、行ったことは植民地化と征服・略奪でした。彼らはそのような〝目標〟を掲げる文化を持っており、そのどん欲さに比例した高い視点の戦略眼を手に入れていたのです。

ニューギニアの公的教育、例えば小学校から大学までの機関が「世界を覆うような優れたサービス」「世界中の人が購入する新たな商品」「世界を支配できる新思想」とは何か、それはどうつくられるのか、を全生徒に問い続ければ、彼らは新たなレベルの戦略眼を持ち、それに応じた知識、世界の情勢や消費者の傾向などに目を開き続けることになります（これを現代でも行っているのが、アメリカのシリコンバレーなどではないでしょうか）。

●横断的な環境か、孤立した生態系か

「局所優位」→「活用法」→「外界の翻訳力」→「探索力のある目標」は勝利できる場所をさらに広げていくステップです。次の段階に移ると、勝てる領域もさらに広がります。局所優位しか意識しない者は、それが通用する場所でしか勝てません。活用法を極めることは、まさに勝てる領域を広げる作業です。

外界の翻訳力は、古いものとは違う新たな強みの設定につながり、探索力のある目標は、私たちが新しい情報を取り込む意欲を生み、発想の飛躍を可能にしてくれるのです。

歴史を振り返ると、異なる二つの環境があることがわかります。

一つはさまざまな国がひしめき合い、接しながら存在する横断的な環境。もう一つは、一つの大陸や島国などの孤立した環境です。

二つの環境の違いは、学習の有無に大きな差を及ぼします。

ギリシャ世界の盟主スパルタを倒したテーバイで、フィリッポス二世が最新の軍事技術を学んだことは、辺境国マケドニアがオリエント世界を統一する重要な機会となりました。

一方でテーバイの新戦術を体験していたギリシャ世界が、マケドニアを併合できず、最後はマケドニアとローマに挟まれて消滅したのはなぜでしょうか。

本書の答えは、ギリシャ都市国家同士には孤立した生態系でも、別民族だったマケドニアは、ある意味で外側からギリシャ世界を眺めており、横断的な環境だったからです。

スペイン人征服者のコルテスに滅ぼされたアステカの皇帝モンテスマは、南米では他民族との戦争に何度も勝ち、支配領土を広げた王でした。しかし、閉じられた生態系の外から来たコルテスとスペイン人には、対抗することができませんでした。

これは異なる文化や軍隊との紛争になれておらず、闘争の方法が固定化されていることで、新たな形の攻撃に極めて弱い状況にあったためだと思われるのです。

一方で、隔絶された環境で王者となることは、無用な闘争を避ける利点があります。

一番理想的なパターンは「支配できる孤立した生態系を見つけている」ことと「自らの影響範囲外の闘争から学ぶ広い視野」を併せ持つことになるでしょう。

●歴史上、強者が誇る文化・文明とは一体なんだったのか？

ビジネスでよく使われる「イノベーション」という言葉は、戦い方をガラリと変えるという点で「強みの活用法・運用法」と「外界の翻訳力」に相当すると思われます。

しかし、歴史は単なるイノベーションよりも強力な要素の存在を示しています。

それは四番目の「探索力を増強する目標」です。

この要素の特質をシンプルに表現するなら「他の国家・文明・民族の征服と支配」を目標に掲げたか否か、ということになるでしょう。

目の前の敵を退けるのではなくて、征服や支配あるいは敵を絶滅させる目標です。

この目標を掲げると、相手の強み・弱みなどすべての要素を分析する視点を持つことになります。単に敵を追い払い、昨日までの幸福を守りたいと考える集団とは別種の戦略眼を獲得することにつながるのです。


「私はいま、非常にシンプルな指標を使っています。それは『いま取り組んでいる仕事は、世界を変えるだろうか？』というものです」（サリム・イスマイル他著『シンギュラリティ大学が教える飛躍する方法』より、グーグルＣＥＯのラリー・ペイジの言葉）

ラリー・ペイジの言葉は、この第四の要素に極めて類似しています。

「世界を変える」ためには、極度に広い視野と情報、発想の飛躍が要求されるからです。

第四の要素＝征服者の戦略眼は、新しい情報や相手の弱点の追求に限りなくどん欲です。

この要素を持つとごく自然に、相手への分析レベルが深くなるのです。

この思想は、近代まで強者が誇る文化・文明と名を変えて活用されてきました。もちろん、現代ビジネスでは征服や支配など、暴力的な形での活用はできません。

しかし「勝者がすべてを手にする（Winner takes all）」という考え方は、ペイジ氏の言葉を待つまでもなく、一部のＩＴ系企業には重要な概念になっています。

ビジネスでイノベーションを超える状況を生み出す本書の提言の一つは、自社の業界以外のヨコの業界を自分たちが「征服か完全支配できないか」と考えてみることです。

「第四の要素」を引き出す質問例

- **住宅業界は室内の家電や家具、インテリア小物業界をどうすれば支配できるのか**
- **自動車業界は電装品や位置情報サービス、道路建設業界をどうすれば支配できるのか**
- **テレビ業界は、どうすればインターネット産業やネット通販業界を支配できるのか**
- **出版業界は、どうすれば新たな知的情報産業を支配できるのか**

・アパレル産業は、どうすればＩＴや家電産業を支配できるのか

荒唐無稽な話だと思われるかもしれません。しかし、例えば次のような場合はどうでしょうか。「消費者のすべての購買行動の入り口を支配する」。これはスマートフォン業界や現在のロボット産業では、ごく当たり前に想定されている目標なのです。

ＩＴ業界は「勝者がすべてを手にする(Winner takes all)」思考に比較的慣れている業界であり、伝統的な他産業を上手く侵食して拡大を続けているともいえます。

この発想に違和感を持つならば、インディアン戦争でイギリス・フランス・そして合衆国とインディアンたちの明暗を分けた最大の違いは何であったかを考えていただきたいのです。

突出した目標を持つ側には、常識に囚われる側にはない戦略眼があります。彼らはその突飛な目標ゆえに、より多くの情報を知りたがり、変化に反応し、敵の弱点を執念深く探し、分析のレベルと幅が他者には想像できない領域に達するのです。これらが社会文化、組織文化であった国家や集団が歴史の中で常に勝者となってきたのです。

戦略とは本来、未来を見つめるための道具です。

あらゆる戦略家は、各時代の自らの戦場で「これからどんな未来が生まれるか、どのような未来を生み出せるか」という視点で世界を眺め、思考を深く巡らせました。

今日、二一世紀のビジネスパーソンに必要な戦略思考も、過去の歴史の中で戦略家が使いこなした戦略思考と何ら変わりはありません。

私たちそれぞれが、いかに望ましい未来を描き、手に入れるかの勝負なのですから。

三〇〇〇年の戦争と歴史を振り返る、本書の執筆を許可いただきました、株式会社ダイヤモンド社に、この場をお借りして深くお礼申し上げます。

編集担当の市川有人様には、前三作の書籍同様、鋭い洞察をいただき、一年以上の執筆となった本書を完成できたことを申し添えておきます。

国家の衝突による戦争は忌むべきもので、人類の誰もが許容できない悲惨な存在です。しかし過去の戦略思考を学ぶ上では、私たちに多くの示唆と教訓を与えてくれます。

世界と日本が少しでもより平和であることを願いながら、歴史に刻まれた戦略の英知を、読者のみなさんにお伝えできるように本書を書き上げました。

なお、本書は主に戦争戦略を取り上げましたが、現代の経営戦略や戦略フレームワークについて詳しく知りたい方は、孫子からクラウゼヴィッツ、ランチェスター、ポーター、クリステンセンまで網羅した『戦略の教室』（ダイヤモンド社）という本をぜひお読みください（本書の姉妹本です）。

みなさんが本書を読み終えて、まさに今立っている場所から未来は始まります。

本書がみなさんの幸せな未来を切り拓く力になることを、心から祈っています。

鈴木博毅

二〇一六年三月

参考文献

はじめに

『ナポレオンの直観』ウィリアム・ダガン（慶應義塾大学出版会）
『銃・病原菌・鉄』ジャレド・ダイアモンド（草思社）

第1章

『ギリシャ・ローマの戦争』ハリー・サイドボトム（岩波書店）
『西欧海戦史』外山三郎（原書房）
『競争しない競争戦略』山田英夫（日本経済新聞出版社）
『ハンニバル　アルプス越えの謎を解く』ジョン・プレヴァス（白水社）
『世界の戦史2ダリウスとアレクサンダー大王』林健太郎（人物往来社）
『世界の戦史3シーザーとローマ帝国』林健太郎（人物往来社）
『ハンニバル　地中海世界の覇権をかけて』長谷川博隆（講談社）
『山田昭男の仕事も人生も面白くなる働き方バイブル』山田昭男（東洋経済新報社）
『ガリア戦記』カエサル（講談社学術文庫）
『内乱記』カエサル（講談社学術文庫）
『戦略は直観に従う』ウィリアム・ダガン（東洋経済新報社）

第2章

『秦の始皇帝』吉川忠夫（講談社学術文庫）
『秦の始皇帝　多元世界の統一者』籾山明（白帝社）
『中国の歴史2』陳舜臣（講談社文庫）
『正史三国志』陳寿（ちくま学芸文庫）
『三国志上巻』（学研マーケティング）
『三国志下巻』（学習研究社）

第3章

『図説モンゴル帝国の戦い』ロバート・マーシャル（東洋書林）

『世界史の名将たち』リデル・ハート（原書房）

『「失われた20年の勝ち組企業」100社の成功法則』名和高司（PHP研究所）

『北条時宗と蒙古襲来』村井章介（NHKブックス）

『マッキンゼー現代の経営戦略』大前研一（プレジデント社）

『メフメト2世　トルコの征服王』アンドレ・クロー（法政大学出版局）

『オスマン帝国600年史　三大陸に君臨したイスラムの守護者』設楽國廣（KADOKAWA／中経出版）

『発想を事業化するイノベーション・ツールキット』デヴィッド・シルバースタイン、フィリップ・サミュエル、ニール・デカーロ（英治出版）

『超巨人・明の太祖朱元璋』堺屋太一（講談社文庫）

『イノベーションのジレンマ』クレイトン・クリステンセン（翔泳社）

第4章

『平清盛と平家四代』河合敦（講談社）

『源頼朝』永原慶二（岩波新書）

『ランチェスター販売戦略1　戦略入門』田岡信夫（サンマーク出版）

『織田信長』神田千里（ちくま新書）

『元亀信長戦記　織田包囲網撃滅の真相』（学研）

『新説　戦乱の日本史18』

『良い戦略、悪い戦略』リチャード・P・ルメルト（日本経済新聞出版社）

『ザ・ゴール　企業の究極の目的とは何か』エリヤフ・ゴールドラット（ダイヤモンド社）

『徳川家康名言集』桑田忠親（廣済堂出版）

『学習優位の経営　日本企業はなぜ内部から変われるのか』名和高司（ダイヤモンド社）

第5章

『コルテス征略誌』モーリス・コリス（講談社学術文庫）

『古代アステカ王国　征服された黄金の国』増田義郎（中央公論新社）
『巨象も踊る』ルイス・V・ガースナー（日本経済新聞社）
『アメリカ・インディアン奪われた大地』フィリップ・ジャカン（創元社）
『アメリカン・インディアン死闘の歴史』スーザン小山（三一書房）
『わが魂を聖地に埋めよ上・下』ディー・ブラウン（草思社）
『アメリカ・インディアン史』W・T・ヘーガン（北海道大学出版会）
『南北戦争』山岸義夫（近藤出版社）
『戦争指揮官リンカーン』内田義雄（文藝春秋）
『戦死とアメリカ　南北戦争62万人の死の意味』ドルー・ギルピン・ファウスト（彩流社）

第6章

『ナポレオン戦争全史』松村劭（原書房）
『リーン・スタートアップ』エリック・リース（日経BP社）
『ネルソン提督伝上・下』ロバート・サウジー（原書房）
『ナイルの海戦　ナポレオンとネルソン』ローラン・フォアマン、エレン・ブルーフィリップス（原書房）
『全員経営　自律分散イノベーション企業成功の本質』野中郁次郎、勝見明（日本経済新聞出版社）
『ドイツ統一戦争　ビスマルクとモルトケ』望田幸男（教育社）
『参謀総長モルトケ　ドイツ参謀本部の完成者』大橋武夫（マネジメント社）

第7章

『林則徐』井上裕正（白帝社）
『実録アヘン戦争』陳舜臣（中公文庫）
『それぞれの戊辰戦争』佐藤竜一（現代書館）
『会津落城　戊辰戦争最大の悲劇』星亮一（中央公論新社）
『その時歴史が動いた18』NHK取材班・編（KTC中央出版）
『大村益次郎の生涯』木本至（日本文華社）
『コア・コンピタンス経営』ゲイリー・ハメル、C・K・プラハラード（日本経済新聞社）
『日露戦争と日本海大海戦』（新人物往来社）

『秋山真之のすべて』（新人物往来社）
『戦略的ベンチマーキング』グレゴリー・Ｈ・ワトソン（ダイヤモンド社）
『経営改善の新手法　ベンチマーキングとは何か』高梨智弘（生産性出版）

第8章

『現代の起点　第一次世界大戦２総力戦』山室信一、岡田暁生、小関隆、藤原辰史（岩波書店）
『仏独共同通史　第一次世界大戦上・下』ジャン＝ジャック・ベッケール、ゲルト・クルマイヒ（岩波書店）
『第一次世界大戦上・下』リデル・ハート（中央公論新社）
『マルヌの会戦』アンリ・イスラン（中央公論新社）
『戦争の20世紀　日露戦争から湾岸戦争まで』松村劭（ＰＨＰ研究所）
『その時歴史が動いた　ヒトラーと第三帝国』ＮＨＫ取材班（ＫＴＣ中央出版）
『西方電撃戦』（学研）
『太平洋戦争　日本の敗因３　電子兵器カミカゼを制す』ＮＨＫ取材班（角川書店）
『史上最大の決断』野中郁次郎、荻野進介（ダイヤモンド社）
『砂漠のキツネ』パウル・カレル（中央公論新社）
『ＧＥ式ワークアウト』デーブ・ウルリヒ、スティーブ・カー、ロン・アシュケナス（日経ＢＰ社）

第9章

『ＮＨＫスペシャル　朝鮮戦争分断38度線の真実を追う』（日本放送出版協会）
『朝鮮戦争』マシュウ・Ｂ・リッジウェイ（恒文社）
『解放戦線はなぜ強い』Ｗ・Ｇ・バーチェット（読売新聞社）
『マクナマラ回顧録』ロバート・マクナマラ（共同通信社）
『ベスト&ブライテスト』ディヴィッド・ハルバースタム（二玄社）
『ケネディとベトナム戦争　反乱鎮圧戦略の挫折』松岡完（錦正社）
『現代の航空戦　湾岸戦争』リチャード・Ｐ・ハリオン（東洋書林）

［著者］

鈴木博毅（すずき・ひろき）

1972年生まれ。慶応義塾大学総合政策学部卒。ビジネス戦略、組織論、マーケティングコンサルタント。MPS Consulting代表。貿易商社にてカナダ・豪州の資源輸入業務に従事。その後国内コンサルティング会社に勤務し、2001年に独立。戦略書や戦争史、企業史を分析し、ビジネスに活用できる新たなイノベーションのヒントを探ることをライフワークとしている。顧問先には顧客満足度ランキングでなみいる大企業を抑えて１位を獲得した企業や、特定業界で国内シェアNo.1の企業など成功事例多数。日本的組織論の名著『失敗の本質』をわかりやすく現代ビジネスマン向けにエッセンス化した『「超」入門 失敗の本質』（ダイヤモンド社）は14万部を超えるベストセラーとなる。その他の著作に、『企業変革入門』『シャアに学ぶ逆境に克つ仕事術』（日本実業出版社）、『戦略の教室』（ダイヤモンド社）、『「空気」を変えて思いどおりに人を動かす方法』（マガジンハウス）、『実践版　孫子の兵法』（プレジデント社）、『この方法で生きのびよ』（経済界）、『君主論』（KADOKAWA）などがある。

戦略は歴史から学べ

3000年が教える勝者の絶対ルール

2016年３月25日　第１刷発行
2016年４月27日　第３刷発行

著　者――――鈴木博毅
発行所――――ダイヤモンド社
〒150-8409　東京都渋谷区神宮前6-12-17
http://www.diamond.co.jp/
電話／03･5778･7232（編集）03･5778･7240（販売）

装丁――――――井上新八
本文デザイン･DTP ― 二ノ宮 匡（ニクスインク）
製作進行――――ダイヤモンド・グラフィック社
印刷――――――堀内印刷所（本文）・加藤文明社（カバー）
製本――――――ブックアート
編集担当――――市川有人

ISBN 978-4-478-02904-6